U0151626

倪进　朱明书 ◎ 著

游戏　数学与智力

SCIENCE
&
HUMANITIES

11

数学科学文化理念传播丛书
（第一辑 ）

MATHEMATICS AND RECREATION

大连理工大学出版社
Dalian University of Technology Press

图书在版编目（CIP）数据

数学与智力游戏 / 倪进，朱明书著. --大连 ：大
连理工大学出版社，2023.1
（数学科学文化理念传播丛书. 第一辑）
ISBN 978-7-5685-4077-3

Ⅰ．①数… Ⅱ．①倪… ②朱… Ⅲ．①数学－智力游
戏 Ⅳ．①O1

中国版本图书馆 CIP 数据核字（2022）第 250904 号

数学与智力游戏
SHUXUE YU ZHILI YOUXI

大连理工大学出版社出版
地址：大连市软件园路 80 号　邮政编码：116023
发行：0411-84708842　邮购：0411-84708943　传真：0411-84701466
E-mail：dutp@dutp.cn　　URL：https://www.dutp.cn
辽宁新华印务有限公司印刷　　　　　大连理工大学出版社发行

幅面尺寸：185mm×260mm　　　印张：13　　　字数：209 千字
2023 年 1 月第 1 版　　　　　　　2023 年 1 月第 1 次印刷

责任编辑：王　伟　　　　　　　　　责任校对：李宏艳
封面设计：冀贵收

ISBN 978-7-5685-4077-3　　　　　　　　　定价：69.00 元

本书如有印装质量问题，请与我社发行部联系更换。

数学科学文化理念传播丛书·第一辑

编 写 委 员 会

总　序

一、数学科学的含义及其
在学科分类中的定位

　　20世纪50年代初,我曾就读于东北人民大学(现吉林大学)数学系,记得在二年级时,有两位老师[①]在课堂上不止一次地对大家说:"数学是科学中的女王,而哲学是女王中的女王."

　　对于一个初涉高等学府的学子来说,很难认知其言真谛.当时只是朦胧地认为,大概是指学习数学这一学科非常值得,也非常重要.或者说与其他学科相比,数学可能是一门更加了不起的学科.到了高年级时,我开始慢慢意识到,数学与那些研究特殊的物质运动形态的学科(诸如物理、化学和生物等)相比,似乎真的不在同一个层面上.因为数学的内容和方法不仅要渗透到其他任何一个学科中去,而且要是真的没有了数学,则无法想象其他任何学科的存在和发展了.后来我终于知道了这样一件事,那就是美国学者道恩斯(Douenss)教授,曾从文艺复兴时期到20世纪中叶所出版的浩瀚书海中,精选了16部名著,并称其为"改变世界的书".在这16部著作中,直接运用了数学工具的著作就有10部,其中有5部是属于自然科学范畴的,它们分别是:

　　(1)哥白尼(Copernicus)的《天体运行》(1543年);

　　(2)哈维(Harvery)的《血液循环》(1628年);

　　(3)牛顿(Newton)的《自然哲学之数学原理》(1729年);

　　(4)达尔文(Darwin)的《物种起源》(1859年);

---

　　① 此处的"两位老师"指的是著名数学家徐利治先生和著名数学家、计算机科学家王湘浩先生.当年徐利治先生正为我们开设"变分法"和"数学分析方法及例题选讲"课程,而王湘浩先生正为我们讲授"近世代数"和"高等几何".

(5) 爱因斯坦(Einstein)的《相对论原理》(1916 年).

另外 5 部是属于社会科学范畴的,它们是:

(6) 潘恩(Paine)的《常识》(1760 年);

(7) 史密斯(Smith)的《国富论》(1776 年);

(8) 马尔萨斯(Malthus)的《人口论》(1789 年);

(9) 马克思(Max)的《资本论》(1867 年);

(10) 马汉(Mahan)的《论制海权》(1867 年).

在道恩斯所精选的 16 部名著中,若论直接或间接地运用数学工具的,则无一例外. 由此可以毫不夸张地说,数学乃是一切科学的基础、工具和精髓.

至此似已充分说明了如下事实:数学不能与物理、化学、生物、经济或地理等学科在同一层面上并列. 特别是近 30 年来,先不说分支繁多的纯粹数学的发展之快,仅就顺应时代潮流而出现的计算数学、应用数学、统计数学、经济数学、生物数学、数学物理、计算物理、地质数学、计算机数学等如雨后春笋般地产生、存在和发展的事实,就已经使人们去重新思考过去那种将数学与物理、化学等学科并列在一个层面上的学科分类法的不妥之处了. 这也是多年以来,人们之所以广泛采纳"数学科学"这个名词的现实背景.

当然,我们还要进一步从数学之本质内涵上去弄明白上文所说之学科分类上所存在的问题,也只有这样才能使我们在理性层面上对"数学科学"的含义达成共识.

当前,数学被定义为从量的侧面去探索和研究客观世界的一门学问. 对于数学的这样一种定义方式,目前已被学术界广泛接受. 至于有如形式主义学派将数学定义为形式系统的科学,更有如形式主义者柯亨(Cohen)视数学为一种纯粹的在纸上的符号游戏,以及数学基础之其他流派所给出之诸如此类的数学定义,可谓均已进入历史博物馆,在当今学术界,充其量只能代表极少数专家学者之个人见解. 既然大家公认数学是从量的侧面去探索和研究客观世界,而客观世界中任何事物或对象又都是质与量的对立统一,因此没有量的侧面的事物或对象是不存在的. 如此从数学之定义或数学之本质内涵出发,就必然导致数学与客观世界中的一切事物之存在和发展密切相关.同时也决定了数学这一研究领域有其独特的普遍性、抽象性和应用上的极端广泛性,从而数学也就在更抽象的层面上与任何特殊的物质运动形式息息相关.由此可见,数学与其他任何研究特殊的物质运动形态的学科相比,要高出一个层面.在此或许可以认为,这也就是本人少时所闻之"数学是科学中的女王"一语的某种肤浅的理解.

再说哲学乃是从自然、社会和思维三大领域,即从整个客观世界的存在及其存在方式中去探索科学世界之最普遍的规律性的学问,因而哲学是关于整个客观世界的根本性观点的体系,也是自然知识和社会知识的最高概括和总结.因此哲学又要比数学高出一个层面.

这样一来,学科分类之体系结构似应如下图所示:

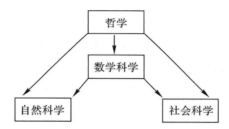

如上直观示意图的最大优点是凸显了数学在科学中的女王地位,但也有矫枉过正与骤升两个层面之嫌.因此,也可将学科分类体系结构示意图改为下图所示:

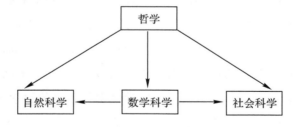

如上示意图则在于明确显示了数学科学居中且与自然科学和社会科学相并列的地位,从而否定了过去那种将数学与物理、化学、生物、经济等学科相并列的病态学科分类法.至于数学在科学中之"女王"地位,就只能从居中角度去隐约认知了.关于学科分类体系结构之如上两个直观示意图,究竟哪一个更合理,在这里就不多议了,因为少时耳闻之先入为主,往往会使一个人的思维方式发生偏差,因此

留给本丛书的广大读者和同行专家去置评.

二、数学科学文化理念与文化
素质原则的内涵及价值

数学有两种品格,其一是工具品格,其二是文化品格.对于数学之工具品格而言,在此不必多议.由于数学在应用上的极端广泛性,因而在人类社会发展中,那种挥之不去的短期效益思维模式必然导致数学之工具品格愈来愈突出和愈来愈受到重视.特别是在实用主义观点日益强化的思潮中,更会进一步向数学纯粹工具论的观点倾斜,所以数学之工具品格是不会被人们淡忘的.相反地,数学之另一种更为重要的文化品格,却已面临被人淡忘的境况.至少数学之文化品格在今天已不为广大教育工作者所重视,更不为广大受教育者所知,几乎到了只有少数数学哲学专家才有所了解的地步.因此我们必须古识重提,并且认真议论一番数学之文化品格问题.

所谓古识重提指的是:古希腊大哲学家柏拉图(Plato)曾经创办了一所哲学学校,并在校门口张榜声明,不懂几何学的人,不要进入他的学校就读.这并不是因为学校所设置的课程需要几何知识基础才能学习,相反地,柏拉图哲学学校里所设置的课程都是关于社会学、政治学和伦理学一类课程,所探讨的问题也都是关于社会、政治和道德方面的问题.因此,诸如此类的课程与论题并不需要直接以几何知识或几何定理作为其学习或研究的工具.由此可见,柏拉图要求他的弟子先行通晓几何学,绝非着眼于数学之工具品格,而是立足于数学之文化品格.因为柏拉图深知数学之文化理念和文化素质原则的重要意义.他充分认识到立足于数学之文化品格的数学训练,对于陶冶一个人的情操,锻炼一个人的思维能力,直至提升一个人的综合素质水平,都有非凡的功效.所以柏拉图认为,不经过严格数学训练的人是难以深入讨论他所设置的课程和议题的.

前文指出,数学之文化品格已被人们淡忘,那么上述柏拉图立足于数学之文化品格的高智慧故事,是否也被人们彻底淡忘甚或摒弃了呢?这倒并非如此.在当今社会,仍有高智慧的有识之士,在某些高等学府的教学计划中,深入贯彻上述柏拉图的高智慧古识.列举两个典型示例如下：

例 1，大家知道，从事律师职业的人在英国社会中颇受尊重．据悉，英国律师在大学里要修毕多门高等数学课程，这既不是因为英国的法律条文一定要用微积分去计算，也不是因为英国的法律课程要以高深的数学知识为基础，而只是出于这样一种认识，那就是只有通过严格的数学训练，才能使之具有坚定不移而又客观公正的品格，并使之形成一种严格而精确的思维习惯，从而对他取得事业的成功大有益助．这就是说，他们充分认识到数学的学习与训练，绝非实用主义的单纯传授知识，而深知数学之文化理念和文化素质原则，在造就一流人才中的决定性作用．

例 2，闻名世界的美国西点军校建校超过两个世纪，培养了大批高级军事指挥员，许多美国名将也毕业于西点军校．在该校的教学计划中，学员除了要选修一些在实战中能发挥重要作用的数学课程（如运筹学、优化技术和可靠性方法等）之外，还要必修多门与实战不能直接挂钩的高深的数学课．据我所知，本丛书主编徐利治先生多年前访美时，西点军校研究生院曾两次邀请他去做"数学方法论"方面的讲演．西点军校之所以要学员必修这些数学课程，当然也是立足于数学之文化品格．也就是说，他们充分认识到，只有经过严格的数学训练，才能使学员在军事行动中，把那种特殊的活力与高度的灵活性互相结合起来，才能使学员具有把握军事行动的能力和适应性，从而为他们驰骋疆场打下坚实的基础．

然而总体来说，如上述及的学生或学员，当他们后来真正成为哲学大师、著名律师或运筹帷幄的将帅时，早已把学生时代所学到的那些非实用性的数学知识忘得一干二净．但那种铭刻于头脑中的数学精神和数学文化理念，仍会长期地在他们的事业中发挥着重要作用．亦就是说，他们当年所受到的数学训练，一直会在他们的生存方式和思维方式中潜在地起着根本性的作用，并且受用终身．这就是数学之文化品格、文化理念与文化素质原则之深远意义和至高的价值所在．

三、"数学科学文化理念传播丛书" 出版的意义与价值

有现象表明，教育界和学术界的某些思维方式正深陷于纯粹实

用主义的泥潭,而且急功近利、短平快的病态心理正在病入膏肓.因此,推出一套旨在倡导和重视数学之文化品格、文化理念和文化素质的丛书,一定会在扫除纯粹实用主义和诊治急功近利病态心理的过程中起到一定的作用,这就是出版本丛书的意义和价值所在.

那么究竟哪些现象足以说明纯粹实用主义思想已经很严重了呢?详细地回答这一问题,至少可以写出一本小册子来.在此只能举例一二,点到为止.

现在计算机专业的大学一、二年级学生,普遍不愿意学习逻辑演算与集合论课程,认为相关内容与计算机专业没有什么用.那么我们的教育管理部门和相关专业人士又是如何认知的呢?据我所知,南京大学早年不仅要给计算机专业本科生开设这两门课程,而且要开设递归论和模型论课程.然而随着思维模式的不断转移,不仅递归论和模型论早已停开,逻辑演算与集合论课程的学时也在逐步缩减.现在国内坚持开设这两门课的高校已经很少了,大部分高校只在离散数学课程中给学生讲很少一点逻辑演算与集合论知识.其实,相关知识对于培养计算机专业的高科技人才来说是至关重要的,即使不谈这是最起码的专业文化素养,难道不明白我们所学之程序设计语言是靠逻辑设计出来的?而且柯特(Codd)博士创立关系数据库,以及施瓦兹(Schwartz)教授开发的集合论程序设计语言 SETL,可谓全都依靠数理逻辑与集合论知识的积累.但很少有专业教师能从历史的角度并依此为例去教育学生,甚至还有极个别的专家教授,竟然主张把"计算机科学理论"这门硕士研究生学位课取消,认为这门课相对于毕业后去公司就业的学生太空洞,这真是令人瞠目结舌.特别是对于那些初涉高等学府的学子来说,其严重性更在于他们的知识水平还不了解什么有用或什么无用的情况下,就在大言这些有用或那些无用的实用主义想法.好像在他们的思想深处根本不知道高等学府是培养高科技人才的基地,竟把高等学府视为专门培训录入、操作与编程等技工的学校.因此必须让教育者和受教育者明白,用多少学多少的教学模式只能适用于某种技能的培训,对于培养高科技人才来说,此类纯粹实用主义的教学模式是十分可悲的.不仅误人子弟,而且任其误入歧途继续陷落下去,必将直接危害国家和社会的发展前程.

　　另外,现在有些现象甚至某些评审规定,所反映出来的心态和思潮就是短平快和急功近利,这样的软环境对于原创性研究人才的培养弊多利少.杨福家院士说:[①]

　　"费马大定理是数学上一大难题,360多年都没有人解决,现在一位英国数学家解决了,他花了9年时间解决了,其间没有写过一篇论文.我们现在的规章制度能允许一个人9年不出文章吗?

　　"要拿诺贝尔奖,都要攻克很难的问题,不是灵机一动就能出来的,不是短平快和急功近利就能够解决问题的,这是异常艰苦的长期劳动."

　　据悉,居里夫人一生只发表了7篇文章,却两次获得诺贝尔奖.现在晋升副教授职称,都要求在一定年限内,在一定级别杂志上发表一定数量的文章,还要求有什么奖之类的,在这样的软环境里,按照居里夫人一生中发表文章的数量计算,岂不只能当个老讲师?

　　清华大学是我国著名的高等学府,1952年,全国高校进行院系调整,在调整中清华大学变成了工科大学.直到改革开放后,清华大学才开始恢复理科并重建文科.我国各层领导开始认识到世界一流大学均以知识创新为本,并立足于综合、研究和开放,从而开始重视发展文理科.11年前,清华人立志要奠定世界一流大学的基础,为此而成立清华高等研究中心.经周光召院士推荐,并征得杨振宁先生同意,聘请美国纽约州立大学石溪分校聂华桐教授出任高等中心主任.5年后接受上海《科学》杂志编辑采访,面对清华大学软环境建设和我国人才环境的现状,聂华桐先生明确指出[②]:

　　"中国现在推动基础学科的一些办法,我的感觉是失之于心太急.出一流成果,靠的是人,不是百年树人吗?培养一流科技人才,即使不需百年,却也绝不是短短几年就能完成的.现行的一些奖励、评审办法急功近利,凑篇数和追指标的风气,绝不是真心献身科学者之福,也不是达到一流境界的灵方.一个作家,您能说他发表成百上千

---

①　王德仁等,杨福家院士"一吐为快——中国教育5问",扬子晚报,2001年10月11日A8版.
②　刘冬梅,营造有利于基础科技人才成长的环境——访清华大学高等研究中心主任聂华桐,科学,Vol.154,No.5,2002年.

篇作品,就能称得上是伟大文学家了吗?画家也是一样,真正的杰出画家也只凭少数有创意的作品奠定他们的地位.文学家、艺术家和科学家都一样,质是关键,而不是量.

"创造有利于学术发展的软环境,这是发展成为一流大学的当务之急."

面对那些急功近利和短平快的不良心态及思潮,前述杨福家院士和聂华桐先生的一番论述,可谓十分切中时弊,也十分切合实际.

大连理工大学出版社能在审时度势的前提下,毅然决定立足于数学文化品格编辑出版"数学科学文化理念传播丛书",不仅意义重大,而且胆识非凡.特别是大连理工大学出版社的刘新彦和梁锋等不辞辛劳地为丛书的出版而奔忙,实是智慧之举.还有 88 岁高龄的著名数学家徐利治先生依然思维敏捷,不仅大力支持丛书的出版,而且出任丛书主编,并为此而费神思考和指导工作,由此而充分显示徐利治先生在治学领域的奉献精神和远见卓识.

序言中有些内容取材于"数学科学与现代文明"①一文,但对文字结构做了调整,文字内容做了补充,对文字表达也做了改写.

2008 年 4 月 6 日于南京

---

① 1996 年 10 月,南京航空航天大学校庆期间,名誉校长钱伟长先生应邀出席庆典,理学院名誉院长徐利治先生应邀在理学院讲学,老友朱剑英先生时任校长,他虽为著名的机械电子工程专家,但从小喜爱数学,曾通读《古今数学思想》巨著,而且精通模糊数学,又是将模糊数学应用于多变量生产过程控制的第一人.校庆期间钱伟长先生约请大家通力合作,撰写《数学科学与现代文明》一文,并发表在上海大学主办的《自然杂志》上.当时我们就觉得这个题目分量很重,要写好这个题目并非轻而易举之事.因此,徐利治、朱剑英、朱梧槚曾多次在一起研讨此事,分头查找相关文献,并列出提纲细节,最后由朱梧槚执笔撰写,并在撰写过程中,不定期会面讨论和修改补充,终于完稿,由徐利治、朱剑英、朱梧槚共同署名,分为上、下两篇,作为特约专稿送交《自然杂志》编辑部,先后发表在《自然杂志》1997,19(1):5-10 与 1997,19(2):65-71.

前　言

我们愿意奉陪大家在数学大花园里悠闲地散散步,希望每位都能摘到一束自己喜爱的花儿.

如果在各种课程中进行一次调查,也许数学是最不受欢迎的.其原因当然很多,一致公认的至少有:教科书篇幅紧凑、枯燥无味;教师迫于学时,只好板起面孔,把精练的知识强行灌输给学生;学生们尚未消化这些知识,就被教师逼着跳进习题的"汪洋苦海"——使得学生逐渐地对数学兴致索然.

如何能使学习数学像听故事、逛花园或玩游戏那样趣味盎然呢?我们希望读者在阅读本书后,能或多或少地体味出这种心情.

在花园里散步,不必抱着生物学家的态度.对遇到的动物、花草,或停下来细细观赏,或走马观花进行浏览——一切的目的是赏心悦目,身心愉悦.

倪　进　朱明书
于常州
2008 年

目　录

一　国际象棋盘上的皇后

在对世界的各式各样观察方式中······最有趣的方式之一是世界被设想为由模式组成的那一个.

——维纳（N. Wiener）

1.1　高斯的猜想

国际象棋、象棋和围棋号称世界三大棋种.国际象棋中"皇后"的威力比中国象棋中"车"大得多："皇后"不仅能控制她所在的行和列，而且能控制"斜"方向的两条直线.

国际象棋的棋盘上共有 8×8 格，棋盘上最多能放上多少个"皇后"？当然要求不同的"皇后"既不在同一行或同一列，又不在同一对角线上.显然，最多只能放上八个"皇后".

大数学家高斯（C. F. Gauss）曾猜测"八皇后问题"共有 96 个解.后经严格证明，实际上只有 92 个解.本章介绍一种解法，几乎不需要数学的预备知识，并试图解释高斯为什么猜测共有 96 个解.本章最后一节介绍，为了控制 8×8 格的国际象棋盘，最少需要五个"皇后".更有趣的是，五个"皇后"还能控制"加一行，加一列"的 9×9 格超级棋盘呢！

1.2　回溯法初步

为了简单起见，我们在本节讨论 4×4 棋盘上的所谓"四皇后问题".当然要求任何两个"皇后"不在同一行、同一列或同一条对角线上.

我们采用 4 维向量表示 4 个"皇后"在 4×4 棋盘上的一种放法.例如，$(2,4,1,3)$ 对应着图 1-1 所示的放法.图中"Q"代表"皇后".

设在棋盘上已经放好 3 个"皇后",第 4 个"皇后"还没有放(图 1-2),对应的向量应为 $(1,4,2,\times)$,第 4 个分量"$\times$",表示第 4 个"皇后"尚未确定位置.

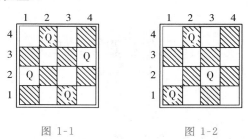

图 1-1   图 1-2

为今后的方便,我们约定用"约束条件 A"代表"没有两个'皇后'在同一行、同一列或同一对角线上".

细心的读者或许已经发现,图 1-2 对应的 $(1,4,2,\times)$,即放好 3 个"皇后"以后,第 4 个"皇后"不管怎么放,都不能符合约束条件 A.

问题:在约束条件 A 的限制下,所谓的"四皇后问题"有没有解?如有解,有多少解?如何找出所有的解?

让我们先看一看图 1-3 所示的状态树.树根用 $(\times,\times,\times,\times)$ 标记,表示棋盘上没有"皇后"(空棋盘).树中每个顶点都对应着棋盘上放"皇后"的一个状态.第 1 级顶点为 $(1,\times,\times,\times)$,$(2,\times,\times,\times)$,$(3,\times,\times,\times)$ 和 $(4,\times,\times,\times)$,它们分别表示第 1 个"皇后"放在第 1 行,第 2 行,第 3 行和第 4 行(总假定第 i 个"皇后"放在第 i 列上),而其他的"皇后"尚未放在棋盘上.第 2 级顶点表示棋盘上在第 1 列和第 2 列中各放一个"皇后",且棋盘上只有这两个"皇后".其他情况类似.第 4 级顶点(也即状态树的树叶)按自然次序排列为 $(1,1,1,1)$,$(1,1,1,2)$,$\cdots$,$(4,4,4,4)$,共有 $4^4 = 256$ 种.每一级向下一级分叉成 4 枝,是一棵完全正则的四分树.限于篇幅,图 1-3 仅画出该状态树的一小部分.有了图 1-3,将大大有助于我们去思考和探索"四皇后问题".

乍看上去,最安全可靠的方法是把 $4^4 = 256$ 种情况全部检核一遍,将符合条件 A 的那些找出来.这种数学方法即"列举法"或"穷举法".然而,有些问题中有无限多的情况,或者虽然是有限的,但是一旦数目很大时,列举法常常不能奏效.因此,必须采用大大节省步骤的改进方法.我们介绍一种"回溯法",其基本思想如下:

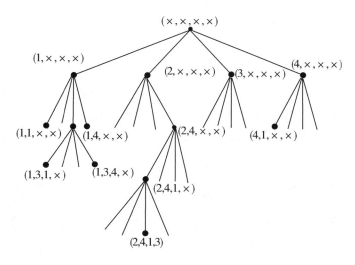

图 1-3

　　按照自然次序(字典次序)先搜索 $(1,\times,\times,\times)$，再往第二级顶点搜索 $(1,1,\times,\times)$．因为 $(1,1,\times,\times)$ 表示前两个"皇后"都位于第一行上，违反约束条件 A．所以，以 $(1,1,\times,\times)$ 为树根的子树的树叶 $(1,1,1,1),(1,1,1,2),\cdots,(1,1,4,4)$ 都不是"四皇后问题"的解，不必逐一去搜索，也不必在状态树图 1-3 中继续往下级画．这时，应从顶点 $(1,1,\times,\times)$"回溯"(退回)到上一级的顶点 $(1,\times,\times,\times)$ 处，取下一个顶点 $(1,2,\times,\times)$ 来考查．这个顶点表示的状态如图 1-4 所示，两个"皇后"在同一对角线上．这仍然违反条件 A．于是再返回到 $(1,\times,\times,\times)$，取下一个顶点 $(1,3,\times,\times)$ 考查，它符合条件 A．接着往下搜索下一级顶点中的第一个 $(1,3,1,\times)$，它违反 A．继续考查 $(1,3,2,\times),(1,3,3,\times),(1,3,4,\times)$，它们都违反 A．于是返回 $(1,\times,\times,\times)$，取 $(1,4,\times,\times)$ 为树根．

　　继续按上述方法，凡到某顶点时违反 A 的话，就不必再去访问该顶点的"子孙"，而应返回它的"父亲"处，选该"父亲"的下一个"儿子"为考查点……

图 1-4

　　图 1-5 中用八个棋盘大略地反映了求出一个解 $(2,4,1,3)$ 的过程．其中的黑点表示因违反条件 A，而在该列中不能放置"皇后"的位置．图 1-5(a) 表示第 1 个"皇后"放在第 1 行，第 2 个"皇后"就不能放在第 1 行，也不能放在第 2 行，只能从第 3 行开始访问．图 1-5(b) 表示以 $(1,3,\times,\times)$ 为树根的子树上的树

叶都不是问题的解,因为第 3 个"皇后"无论怎么放,都违反 A. 图 1-5(c) 表示 (1,4,1,×) 违反 A,而 (1,4,2,×) 仍能符合 A. 图 1-5(d) 表示 (1,4,2,×) 在考虑第 4 个"皇后"位置后,就被否决了. 显然,(1,4,3,×) 和 (1,4,4,×) 都不能是问题的解. 所以,我们跳到图 1-5(e). 图 1-5(f) 表示第 2 个"皇后"只能放在第 4 行. 图 1-5(g) 表示第 3 个"皇后"能放在而且只能放在第 1 行,第 4 个"皇后"只能放在第 3 行. 图 1-5(h) 表示一个解 (2,4,1,3) 已被求得.

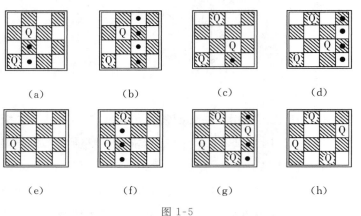

(a)　　　(b)　　　(c)　　　(d)

(e)　　　(f)　　　(g)　　　(h)

图 1-5

读者可用回溯法继续探索,不难得到结论:"四皇后问题"共有两个解,即图 1-6(a)(2,4,1,3) 和图 1-6(b)(3,1,4,2).

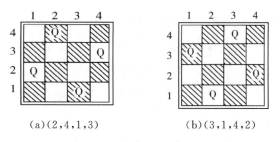

(a)(2,4,1,3)　　　　(b)(3,1,4,2)

图 1-6

4×4 棋盘上的"四皇后问题"在约束条件 A 下的位置问题已完全解决. 有没有解?有解. 有多少个解?有两个解. 这两个解是怎样的? 图 1-6(a) 和图 1-6(b) 即所求的两个解,它们的简便记法为 (2,4,1,3) 和 (3,1,4,2). 这种记法的第一个优点是方便,不必每次画出一个 4×4 棋盘. 我们可以看到,再往下的讨论,更能显示这种记法的好处.

让我们用数学家的眼光再仔细审视、欣赏一番这两个解 (a) 和 (b),可以发现 (a) 和 (b) 之间尚有一个迷人的特点:原来 (a) 与 (b) 是成"镜对称"的(或者说,它们是可以"翻转重合"的)!数学上称"镜对称"的(a)和(b)在本质上只是一个解.也就是说,虽然(2,4,1,3)与(3,1,4,2)在形式上是两个解,本质上只是一个解.于是,我们有了"形式解"与"本质解"的初步概念.

1.3 八皇后问题

现在我们已经有了一些经验,可以开始去求解高斯的"八皇后问题".在数学研究中,也和其他学科的研究一样,经常采用的一种方法是先研究特殊的、较简单的情形.例如,刚才研究的是 4×4 棋盘上的"四皇后问题".其实,在研究"八皇后问题"之前,也可以先把"五皇后""六皇后""七皇后"等问题研究一番.虽然它们各有各的特点,很难找出什么普遍规律,然而,仍有一些经验可供进一步研究借鉴.或许有人会怀疑,这样做会浪费时间,还是急于直接去求解"八皇后问题"为好.当然,如果有好办法,那肯定会使研究工作的效率大大提高,甚至会节省大量时间.有许多初学数学的人往往被繁复的数学符号所吓住,而不敢再往下多走几步.在这里,让我们透露一种易被理解并被采用的办法,那就是拿出一张纸和一支笔,写下一个简单而又特殊的实例,对照书上所论而去看看你的实例.如果已能理解书上所论之意义了,那就不妨把你的实例重新换上一个稍难的,再去对照一番.

下面,我们简要说明当 $n = 1,2,\cdots,7$ 时,$n \times n$ 棋盘上的各种结果.

最重要的是当 $n = 4$ 时,两个解(2,4,1,3)和(3,1,4,2),本质上只是一个解[①].

$n = 5$ 时,有 10 个解,只有 2 个本质解.

$n = 6$ 时,有 4 个解,只有 1 个本质解.

$n = 7$ 时,有 40 个解,只有 6 个本质解.

表 1-1 列出了 $n = 4,5,6,7$ 时的所有解与本质解.

$n = 5$ 时,有 10 个解,编号 4^*、7^* 为第二个本质解及其镜对称解,其余 8 个解皆由第一个本质解 $(1)_0 13524$ 经旋转和求其镜对称而得,即 35241、24135、52413 和 42531、14253、53142、31425 等.

① 在不致误时,可简写成(2413)和(3142).

表 1-1

	$(k)_m$	编号	解	解	编号	$(k)_m$
$n=4$		1	2413	3142	2	
	$(1)_0$	1	13524	53142	10	$(1)'_2$
	$(1)'_1$	2	14253	52413	9	$(1)_3$
$n=5$	$(1)_2$	3	24135	42531	8	$(1)'_0$
	(2)	4^*	25314	41352	7^*	$(2)'$
	$(1)'_3$	5	31425	35241	6	$(1)_1$
$n=6$	$(1)_0$	1	246135	531642	4	$(1)'_0$
	$(1)_1$	2	362514	415263	3	$(1)'_1$
	$(1)_0$	1	1357246	7531642	40	$(1)'_2$
	$(2)_0$	2	1473625	7415263	39	$(2)'_2$
	$(1)'_1$	3	1526374	7362514	38	$(1)_3$
	$(2)'_1$	4	1642753	7246135	37	$(2)_3$
	$(3)_0$	5	2417536	6471352	36	$(3)'_2$
	$(1)_2$	6	2461357	6427531	35	$(1)'_0$
	$^*(4)_0$	7	2514736	6374152	34	$(4)'_0$
	$(3)_2$	8	2531746	6357142	33	$(3)_0$
$n=7$	$^*(5)_0$	9	2574136	6314752	32	$(5)'_0$
	$(6)_0$	10	2637415	6251473	31	$(6)'_2$
	$(6)_3$	11	2753164	6135724	30	$(6)'_1$
	$(3)'_1$	12	3162574	5726314	29	$(3)_3$
	$(4)'_1$	13	3164275	5724613	28	$(4)_1$
	$(2)_1$	14	3572461	5316427	27	$(2)'_3$
	$(2)_2$	15	3625147	5263741	26	$(2)'_0$
	$(5)_1$	16	3724615	5164273	25	$(5)'_1$
	$(6)_2$	17	3741526	5147362	24	$(6)'_0$
	$(3)'_3$	18	4136275	4752613	23	$(3)_1$
	$(1)'_3$	19	4152637	4736251	22	$(1)_1$
	$(6)_1$	20	4275316	4613572	21	$(6)'_3$

　　有趣的是,当写出编号 1、2、3、4*、5 后,第 5 个解为 31425,第 6 个解并不需要从实践中去一一摸索,而是用"6"减去每一个数字,差数写成"35241",此解不仅完全正确,而且是与解"31425"有某种对称性.这种对称性与"镜对称"不同,相当于旋转 180° 后再"镜对称"(图 1-7).

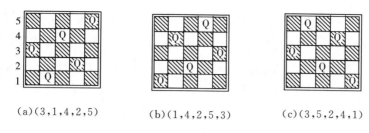

$(a)(3,1,4,2,5)$ $(b)(1,4,2,5,3)$ $(c)(3,5,2,4,1)$

图 1-7

（1）$n = 1$ 时,唯一解.

（2）$n = 2$ 时,无解.

（3）$n = 3$ 时,无解.

（4）$n = 4$ 时,有两个解:$(2,4,1,3)$、$(3,1,4,2)$.每个解在旋转下都得出相同解;四皇后位于正方形的顶点位置;但因为这两个解是对称的,所以本质解只有一个.

（5）$n = 5$ 时,本质解有两个,编号为 1、2、3、5、6、8、9、10 的八个解可由其中任一个解经旋转和镜对称而得到;4 号解在旋转下不能得出新的解,而 4 号解与 7 号解是镜对称的,这时五"皇后"的位置是有中心的正方形.

下表 1-2 是表 1-1 的补充.

表 1-2

n	本质解	旋转	对称	所有解
1	1	1	1	1
2	0	0	0	0
3	0	0	0	0
4	1	2	1	2
5	2	4	5	10
6	1	2	2	4
7	6	12	20	40
8	12	24	46	92
9				
10				

注:表 1-2 标明从本质解,经旋转和对称两种方法可多得到的解数,如此这般,最后可得所有解.表 1-1 中,同一行上的解是对称法得到的.

因此,无论是读者自行探索,还是一一验证,对 $n = 5$ 而言,只要紧紧抓住"13524"与"25314"两个本质解就抓住了纲领.

完全类似,$n = 7$ 时,有 6 个本质解.并且不难看出,$n = 7$ 的 40 个解,从第 1 号至第 20 号解是按数字顺序的.从第 21 号起,恰恰由第 20 号解"4275316",用"8"分别减各项数字,得"4613572"排在第 20 号解的同一行.这种"对称性"与图 1-6 不同,与图 1-7 则完全类似.如果我们姑且称之为"反演对称性",则从第 21~40 号解分别为 20 至 1 号解的"反演对称解"了.①

本节最后的表 1-3,列出了"八皇后问题"共有 92 个解,其中有 12 个本质解.

让我们回到"八皇后问题"上来.

聪明的读者们,也许,您从上节中初步学会了用回溯法求解"四皇后问题",此刻有一种跃跃欲试的心情了吧?

好吧,这种试图亲自探索一下的欲望与热情,正是追求揭示小小奥秘的可贵的动力啊!

让我们陪伴读者,犹如游览中国古老的长城时的导游那样,做一些热情的介绍,并让读者亲身体验;省略冗长烦琐的长途跋涉,引导读者迅速登上长城的顶峰,俯瞰古老长城的雄姿风光.相反,欲在短短时间内踏遍长城的"全景"既不可能也不必要的.

正如图 1-5 简洁明了地刻画了"四皇后问题"的一个解的求解过程,我们也用示意图 1-8 极为简略地拍摄下回溯法求解"八皇后问题"的若干片断的"关键状态".

图 1-8(a) 中"·"点处表示第 2 个"皇后"不能放置的位置,其中显然不能放在第 1、2 行,放在第 3、4 行为什么不行呢?这里大大省略了 $(1,3,\times,\times,\times,\times,\times,\times)$ 及 $(1,4,\times,\times,\times,\times,\times,\times)$ 以后的所有演化过程.读者不妨试一试,即可体会到:这里若一一写出演化过程,则篇幅必将增加几十倍以上!

图 1-8(b) 表示第 3 个"皇后"只能放在第 8 行.

图 1-8(c) 表示第 4 个"皇后"只能放在第 6 行.

---

① 在 $n=7$ 时,表 1-1 第 1 数列 $(1)_0$ 的横行、编号 1 的解 1357246 为第 1 号本质解;第 40 编号的解 7531642 视为"不同解",但它其实是"本质解" $(1)_0$ 的不同表现. $(1)_0$ 中的 1,指第一个本质解,"0"表示是标准记法下的本质解,相同解中数字顺序最小的选作代表,就是本质解的标准形式.[读者可做小习题:任选一个解,放在棋盘上,然后从东、南、西、北看看,配辅一面镜子(看镜像),最多可得 8 个"不同解".]第 1 数列括号里只有 1,2,…,6;第 2 数列 1,2,…,20 向下编号,第 5 数列向上编号,把 40 个不同解,按数学顺序编号. $(1)'_1,(1)_2,(1)''_3,(1)'_2,(1)_3,(1)_0,(1)_1$ 都是从 $(1)_0$ 可得出的!而 $(1)_0$ 是这个(形式)不同解的代表,称为"本质解";1,2,…,40 是全部形式解(按数码顺序编号的).

图 1-8(d) 表示第 5 个"皇后"不能放在第 1、2 行，应放在第 3 行.
图 1-8(b) ～ 图 1-8(d) 的理由同图 1-8(a) 一样.

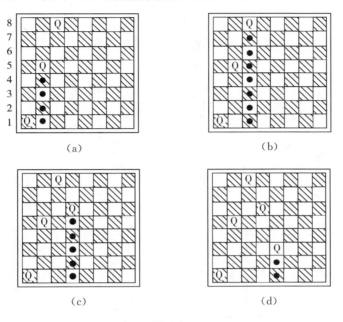

图 1-8

到图 1-8(d) 为止，只有第 6、7、8 个"皇后"即最后三个"皇后"位置问题了. 图 1-9 表明第 6 个"皇后"只能放在第 7 行，第 7 个"皇后"只能放在第 2 行，最后一个"皇后"只剩唯一位置. 图 1-9 得到的八"皇后"位置可用 8 元向量 Q_1 表示为

$$Q_1(1,5,8,6,3,7,2,4)$$

"万事开头难". 如果说聪明的读者用半小时左右的摸索过程，等您按图 1-8"导游图"走到图 1-9 后，那么，用完全同样的回溯法原理及方法大约 20 分钟即可得到第二个解：$Q_2(1,6,8,3,7,4,2,5)$. 至少 $Q_3,\cdots,Q_{12}$ 的其余 10 个本质解，分别探索仍需要不少时间，而从理解上则几乎是"心有灵犀一点通"了. 列 $Q_3,\cdots,Q_{12}$ 如下：

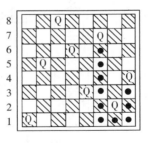

图 1-9

$Q_3(2,4,6,8,3,1,7,5)$, 　 $Q_4(2,5,7,1,3,8,6,4)$

$Q_5(2,6,1,7,4,8,3,5)$, 　 $Q_6(2,6,8,3,1,4,7,5)$

$Q_7(2,7,3,6,8,5,1,4)$， $Q_8(2,7,5,8,1,4,6,3)$

$Q_9(3,5,2,8,1,7,4,6)$， $Q_{10}(3,5,8,4,1,7,2,6)$

$Q_{11}(3,6,2,5,8,1,7,4)$， $Q_{12}(3,6,2,7,5,1,8,4)$

从而，著名的"八皇后问题"的 12 个本质解全部求出.（图 1-10）

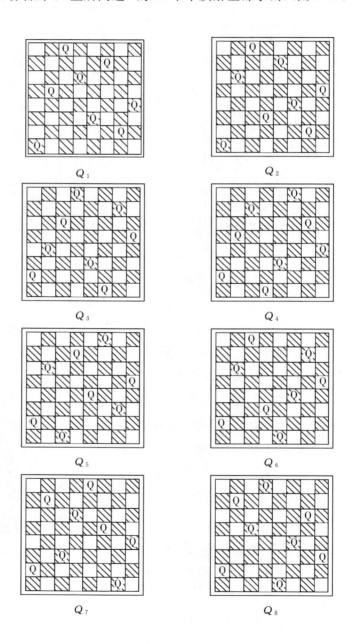

Q_1 Q_2

Q_3 Q_4

Q_5 Q_6

Q_7 Q_8

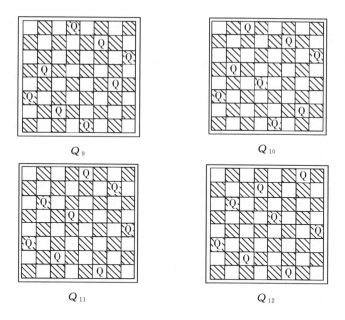

Q_9 Q_{10}

Q_{11} Q_{12}

图 1-10

接着,我们不禁要问,大数学家高斯为什么猜想"八皇后问题"共有 96 个解呢?但在实际上又究竟有多少个解?高斯猜想为什么不正确呢?

要回答这一系列问题,需要我们仔细考察一番所谓 12 个本质解 $Q_1, Q_2, \cdots, Q_{12}$ 的有趣的性质.

以 Q_1 为例吧.

图 1-11 表示一个本质解 Q_1,通过顺时针旋转 $90°$、$180°$、$270°$ 可分别得到 Q_{1E},Q_{1N},Q_{1W};通过 Q_1 的"镜对称"$\overline{Q}_1$ 及其旋转,又得到四个解:$\overline{Q}_1$,$\overline{Q}_{1E}$,$\overline{Q}_{1N}$,$\overline{Q}_{1W}$.用向量表示即为

$$Q_1(1,5,8,6,3,7,2,4), \quad \overline{Q}_1(4,2,7,3,6,8,5,1)$$

$$Q_{1E}(8,2,4,1,7,5,3,6), \quad \overline{Q}_{1E}(1,7,5,8,2,4,6,3)$$

$$Q_{1N}(5,7,2,6,3,1,4,8), \quad \overline{Q}_{1N}(8,4,1,3,6,2,7,5)$$

$$Q_{1W}(3,6,4,2,8,5,7,1), \quad \overline{Q}_{1W}(6,3,5,7,1,4,2,8)$$

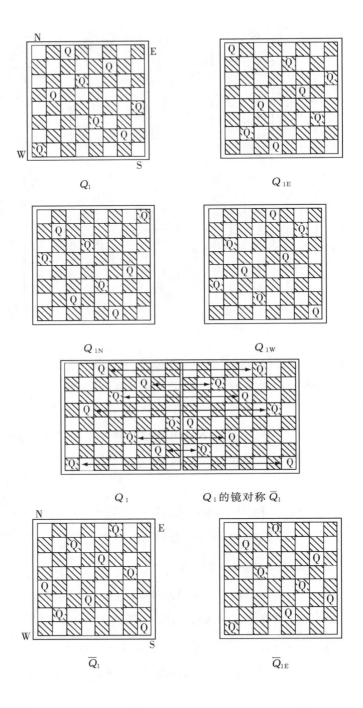

Q_1

Q_{1E}

Q_{1N}

Q_{1W}

Q_1

Q_1 的镜对称 $\overline{Q}_1$

$\overline{Q}_1$

$\overline{Q}_{1E}$

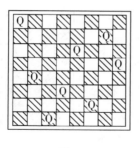
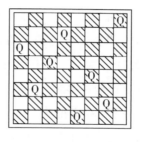

$$\overline{Q}_{1\text{N}} \qquad\qquad\qquad \overline{Q}_{1\text{W}}$$

图 1-11

这就是说,同一个本质解,通过镜对称 $\overline{Q}_1$ 及其相应的旋转,连同本质解本身在内常可得 8 个解.

高斯猜想"八皇后问题"有 96 个解,即猜想到有 12 个本质解,每个本质解有 8 个"彼此同构"的解是很自然而又令人敬佩的.

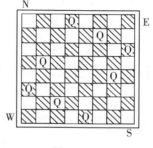

图 1-12

不过,高斯未必下过工夫去一一具体而细致地验证,因而一个小小的疏忽就导致了这个猜想与事实有所出入了.

让我们特别审核一番 Q_9.

图 1-12 表示 Q_9 的八个"皇后"位置关于棋盘中心点是对称的.

$$Q_9(3,5,2,8,1,7,4,6) \equiv Q_{9\text{N}}(3,5,2,8,1,7,4,6)$$

$$Q_{9\text{E}}(4,6,8,2,7,1,3,5) \equiv Q_{9\text{W}}(4,6,8,2,7,1,3,5)$$

$$\overline{Q}_9(6,4,7,1,8,2,5,3) \equiv \overline{Q}_{9\text{N}}(6,4,7,1,8,2,5,3)$$

$$\overline{Q}_{9\text{E}}(5,3,1,7,2,8,6,4) \equiv \overline{Q}_{9\text{W}}(5,3,17,2,8,6,4)$$

故由 Q_9 只能得到 4 个不同的解.

综上所述,所谓"八皇后问题"圆满地解决了.全部解的个数为 92 个.

1.4　看守员问题

"八皇后问题"解决了.同样地,要控制住 8×8 棋盘,最少应放几个"皇后"呢?有人称此为"看守员问题".这也是一个令人惊奇、妙趣横生的"皇后"问题.

图 1-13 表明,只要五个"皇后"即可以完全控制 8×8 棋盘.

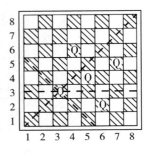

让我们首先用逻辑思维考查一下. 每一"皇后"放在棋盘上所能控制的方格数,最少为 (1,1) 格上控制 (3×7+1),即 22 格,最多为中心点附近四格各为 (3×7+7),即 28 格.

图 1-13

通过分析,不难得到:"皇后"在最沿边的一圈的任何一格上控制数皆为 22 格. 在邻近沿边的包含 (2,2)、(2,3)、…、(2,7)、(3,2)、(4,2)、…、(7,2)、(7,3)、…、(7,7)、(3,7)、(4,7)、(5,7)、(6,7) 等 20 格的第二圈上任何一格控制数皆为 (3×7+3),即 24 格. 再往里第三圈上任何一格控制数皆为 (3×7+5),即 26 格. 最中心一圈任何一格为 (3×7+7),即 28 格.

图 1-13 上五个"皇后"恰恰控制了 8×8 国际象棋盘 64 格.

值得探讨的问题不少:再少一个"皇后"即四个"皇后"有否可能控制 8×8 全棋盘?答案是否定的. 为什么五个"皇后"能控制棋盘?能控制 8×8 棋盘的五个"皇后"的位置有什么特征?是否唯一?共有多少个解?这些都是不太简单的问题.

最后,我们再问:五个"皇后"最多能控制多大的棋盘?

爱因斯坦说过:"提出一个问题往往比解决一个问题更重要,因为解决问题也许仅是一个数学上或实验上的技能而已. 而提出新的问题、新的可能性,从新的角度去看旧的问题,需要有创造性的想象力,而且标志着科学的真正进步."

根据对称性,"五皇后问题"控制 8×8 棋盘,至少有 8 个解:

$$J_1 = (0,0,3,6,4,2,5,0)$$

$$J_2 = (0,3,6,4,2,5,0,0)$$

$$J_3 = (0,4,7,5,3,6,0,0)$$

$$J_4 = (0,0,4,7,5,3,6,0)$$

$$J_5 = (0,0,6,3,5,7,4,0)$$

$$J_6 = (0,0,5,2,4,6,3,0)$$

$$J_7 = (0,5,2,4,6,3,0,0)$$

$$J_8 = (0,6,3,5,7,4,0,0)$$

注意,这 8 个解的几何特征是:五个"皇后"恰好占据正方形的四个顶点和其中心.

五个"皇后"实际上至少能控制 9×9 的棋盘,图 1-14 表明了这个结论.

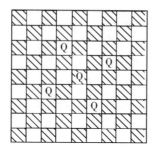

图 1-14

"皇后"问题还能引申出许多趣味问题,但我们的讨论就到这里了.

表 1-3 8 皇后问题的 92 个解

$(k)_m$	编号	解	解	编号	$(k)_m$
* $(1)_0$	1	15863724	84136275	92	$(1)'_2$
* $(2)_0$	2	16837425	83162574	91	$(2)'_2$
$(2)'_1$	3	17468253	82531746	90	$(2)_3$
$(1)'_1$	4	17582463	82417536	89	$(1)_3$
* $(3)_0$	5	24683175	75316824	88	$(3)'_2$
* $(4)_0$	6	25713864	74286135	87	$(4)'_2$
* $(5)_0$	7	25741863	74258136	86	$(5)'_2$
* $(6)_0$	8	26174835	73825164	85	$(6)'_2$
* $(7)_0$	9	26831475	73168524	84	$(7)'_2$
* $(8)_0$	10	27368514	72631485	83	$(8)'_2$
* $(9)_0$	11	27581463	72418536	82	$(9)'_2$
$(8)_3$	12	28613574	71386425	81	$(8)'_1$
$(6)'_1$	13	31758246	68241753	80	$(6)_3$
** $(10)_0$	* 14	35281746	64718253	* 79	$(10)'_0$
$(2)_1$	15	35286471	64713528	78	$(2)'_3$
$(6)'_3$	16	35714286	64285713	77	$(6)_1$
* $(11)_0$	17	35841726	64158273	76	$(11)'_2$
* $(12)_0$	18	36258174	63741825	75	$(12)'_2$
$(4)'_3$	19	36271485	63728514	74	$(4)_1$
$(5)'_3$	20	36275184	63724815	73	$(5)_1$
$(9)'_0$	21	36418572	63581427	72	$(9)_2$
$(1)_1$	22	36428571	63571428	71	$(1)'_3$

（续表）

$(k)_m$	编号	解	解	编号	$(k)_m$
$(5)'_0$	23	36814752	63185247	70	$(5)_2$
$(12)_3$	24	36815724	63184275	69	$(12)'_1$
$(11)_1$	25	36824175	63175824	68	$(11)'_3$
$(11)_2$	26	37285146	62714853	67	$(11)'_0$
$(7)_1$	27	37286415	62713584	66	$(7)'_3$
$(3)_3$	28	38471625	61528374	65	$(3)'_1$
$(4)'_1$	29	41582736	58417263	64	$(4)_3$
$(8)'_0$	30	42586137	57413862	63	$(7)'_0$
$(7)_2$	30	42586137	58413627	63	$(8)_2$
$(9)_1$	32	42736815	57263184	61	$(9)'_3$
$(1)'_0$	33	42736851	57263148	60	$(1)_2$
$(12)'_3$	34	42751863	57248136	59	$(12)_1$
$(11)_3$	35	42857136	57142863	58	$(11)'_1$
$(3)_2$	36	42861357	57138642	57	$(3)'_0$
$(6)_2$	37	46152837	53847162	56	$(6)'_0$
$(10)_1$	* 38	46827135	53172864	* 55	$(10)'_1$
$(4)'_0$	39	46831752	53168247	54	$(4)_2$
$(12)'_0$	40	47185263	52814736	53	$(12)_2$
$(3)_1$	41	47382516	52617483	52	$(3)'_3$
$(2)_2$	42	47526138	52473861	51	$(2)'_0$
$(8)'_3$	43	47531682	52468317	50	$(8)_1$
$(9)_3$	44	48136275	51863724	49	$(9)'_1$
$(5)_3$	45	48157263	51842736	48	$(5)'_1$
$(7)_3$	46	48531726	51468273	47	$(7)'_1$

表 1-4

(k)	编号			
	$(k)_0$	$(k)_1$	$(k)_2$	$(k)_3$
$(1)_0$	1	22	60	89
$(2)_0$	2	15	42	90
$(3)_0$	5	41	36	28
$(4)_0$	6	74	54	64
$(5)_0$	7	73	70	45

（续表）

(k)	编号			
	$(k)_0$	$(k)_1$	$(k)_2$	$(k)_3$
$(6)_0$	8	77	37	80
$(7)_0$	9	27	31	46
$(8)_0$	10	50	63	12
$(9)_0$	11	32	72	44
** $(10)_0$	14	38	14	38
$(11)_0$	17	25	26	35
$(12)_0$	18	59	53	24

说明：

（1）表 1-4 是表 1-3 的精简，由 12 个本质解可得到所有的（形式）解．

（2）镜对称：编号之和为 93 的两个解互相成"反演镜对称"．

（3）旋转重合：把对应于 $(k)_0$ 的解绕棋盘中心逆时针旋转 $\frac{\pi}{2}m$ 后，得到 $(k)_m$；把 $(k)'_0$ 顺时针转 $\frac{\pi}{2}m$ 得 $(k)'_m$；$(k)_m$ 与 $(k)'_m$ 互为镜对称．

（4）可从 12 个本质解，用旋转法得到的解．（举例）如 9 号解，旋转 1 次，得 27 号；再转可得 46 号．

（5）表 1-4"加上"对称法，可得所有的（形式）解，即表 1-4 还须"加上"对称法，就可概括表 1-3．

（6）注意第 10 个本质解，自身有对称性，所以由之只能得 4 个形式解；编号为 14，38，55，79．（55 号，79 号要用对称法求得）

（7）注："八皇后问题"是 1850 年 Franz Nauck 最早提出的．

二　九连环与梵塔

所以说数学就是这样一种东西：她提醒你有无形的灵魂，她赋予她所发现的真理以生命；她唤起心神，澄净智慧；她给我们的内心思想添辉；她涤尽我们有生以来的蒙昧与无知.

——普罗克勒斯（Proclus）

2.1　引　言

九连环是我国古代流传下来的深受人们喜爱的智力玩具.相传是由公元前我国的一个士兵发明的.过去闹新房,宾客常出难题考新娘子,有时就要求她当场解开九连环.《红楼梦》里也写到九连环.大约在 16 世纪,九连环传到欧洲.意大利数学家在一本数学书中做了记载.现在,许多国外的书籍都提到九连环,他们称之为 Chinese Puzzle Rings(中国套环难题).在本章里,我们试图探索九连环里面所蕴含的数学奥秘.如果读者仔细品味本章对九连环所做的数学剖析,一定会对我们具有悠久文明的中华民族的聪明智慧惊叹叫绝.

无独有偶,在文明古老的印度,有一个所谓"世界末日"的神话故事.当代著名美国物理学家伽莫夫(G. Gamow)在其所著《从一到无穷大》一书中,把这个故事做了极为生动有趣的介绍.故事里的所谓"梵塔"又称"河内塔"(Tower of Hanoi),实际上也是一种智力玩具.在数学家眼里,梵塔和九连环基本上是同构的.

现代数学是现代科学的"侍女"和"皇后".数学方法论作为科学方法论的一部分,主要研究和讨论数学的发展规律、数学的思想方法以及数学中的发明、发现与创新等规律.随着现代数学的突飞猛进,它无疑是一门有意义和有发展前途的数学分支.同时,现代数学与数学方法论互相渗透、互相促进的耦合作用,已为我们提供了丰富的理论工具和方法,去研究九连环与梵塔的奥秘.

　　本章中,首先要把九连环的具体实物用相应的数学模型和数学符号表示出来(此后的种种探讨,实质上是在九连环的数学模型及其状态向量上进行的).其次,根据实物九连环的结构特征,提出两个(转移到数学模型上的)基本计数问题:其一是从"初始状态"出发,走 n 步后,九连环呈现什么样的状态(即给定步数 n,求九连环的状态向量 α 的问题);其二是它的反问题,即给定状态向量 α,问要走多少步.

　　本章的核心部分 2.4 节里,紧紧围绕这两个基本问题,简要地介绍我们在探索过程中的一些思路(我们希望读者能在这里看到"数学处理"与"数学思维"的方式).当然,有些探索是失败的,但失败中也蕴含着成功的因素(不能轻率地放弃失败的方法).还有诸如把一般问题化归为特殊问题,逐次改进猜测,最后获得初步成果等一系列过程.我们把初步结果写在2.5 节和2.6 节,总结为六个定理.接着,对照九连环,对梵塔也提出了相应的基本问题,并进行深入细致的讨论.

　　本章的"经线"是数学模型方法(Mathematical Modelling Method),简称 MMM.读者在本章中还可从"纬线"看到九连环里面竟蕴含着如此奇妙的数学性质,梵塔与九连环之间的数学结构又如此相近.但我们认为更重要的是从"经线"上去体会本书如何构造模型,引入向量符号,猜测内在规律 $\alpha_{m+n} = \alpha_m + \alpha_n$,通过归纳与类比,特殊与一般之间的转换,总结概括成命题,经过证明后形成定理等一系列具体应用 MMM 的过程.

2.2　九连环

　　九连环是由 9 个关联着的环、1 根套柄构成的.图 2-1 所表示的九连环状态是套柄恰恰只套上第 9 环的"最终状态".

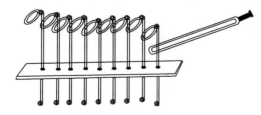

图 2-1

对实物九连环稍做一番试验,就可发现,它的结构设计有两个基

本特征:

（1）在九连环的任意一个状态时，能够自由"套上"或"套下"的只有第1环;

（2）能够"上"或"下"第 $n+1(1 \leqslant n \leqslant 8)$ 环的充分必要条件是:第 n 环在套柄上，且在第 n 环之前没有被套上的环.

这两个基本特征完全刻画了九连环.

让我们先用文字语言叙述从九连环的套柄与套环完全分离的状态（称"初始状态"），一直"走"到图2-1所示的"最终状态"之间的游戏过程.（第1步）先上第1环;（第2步）再上第2环;（第3步）下第1环，这时只有第2环在套柄上;（第4步）可以上第3环，这时第2环、第3环都在套柄上，且只有这两环在套柄上;再上第1环，下第2环，下第1环（即把第3步、第2步、第1步倒回去走），结果就把第3环前面的第2环解下套柄，此时只有第3环在套柄上 …… （第8步）上第4环，此时恰为第3环和第4环在套柄上;再走7步（把前7步倒回去走），在第15步时恰恰可使得第4环在套柄上 …… 走511步，可得图2-1所示的"最终状态"，即套柄恰套在第9环上. 这个过程称为"套上九连环". 把刚才的过程逆转，走511步，可以把套柄从环上解脱出来，成为环与套柄完全分离的状态，这称为"解开九连环".

读者可能会问，为什么"套上九连环"指的是套柄仅套上第9环，而不把九连环的各环统统都套上称为"套上九连环"呢?

这个问题提得很有道理. 答案可能会使读者奇怪:因为统统套上所有的九个环，比如图2-1所示的"恰套上第9环"容易得多!从初始状态走341步即可把九个环统统套上，还要再走170步才能达到如图2-1所示的最终状态!

我们需要一种数学表示方法，把九连环任意一个实际存在的状态确切地表达出来. 对九连环的每个环来说（不妨认为已编为第1环，第2环，…，第9环），相对于套柄只有"被套上"和"未被套上"两种状态. 所以，很自然地，可以用 $a_i = 1$ 表示第 i 环被套上，而 $a_k = 0$ 表示第 k 环未被套上. 这样，九连环的任何一个状态可用向量 $\alpha = (a_1, a_2, \cdots, a_9)$ 来表示，称 α 为"状态向量"，它可视为有限域 $F = Z_2 = GF(2) = \{0, 1; +, \times\}$ 上9维线性空间 $V = V_F^9$ 里的向量.

当然,读者在研究九连环的时候,可能创造或使用另一套符号系统去表示九连环的状态.因为我们在探索过程中就曾用过好几套符号系统,它们各有优点和缺点.为了一致起见,本章只介绍这种向量表示法.这样,我们就可以用"从向量 α_1 走到 α_2"表示九连环的游戏过程.实际上,我们已从实物九连环转移到其数学模型上进行游戏了,或者说,在纸上就可以玩九连环了.

从初始状态 $\theta =$(000000000)出发,九连环只有一种走法,即上第 1 环,变成向量 $\alpha_1 =$(100000000),简记 $\alpha_1 =$(1),规定右边的零可省写.从状态 α_1 出发,有两种不同走法:一是下第 1 环,又回到 θ,这是以后各状态都会碰到的走"回头路"情况,显然它是造成九连环状态"徘徊重复"的原因.因此,今后约定不能走回头路,另一个可能走的是上第 2 环,由 α_1 变到 $\alpha_2 =$(11).不走回头路时,$\alpha_3 =$(01),$\alpha_4 =$(011),$\cdots$,一直可走到 $\alpha_{511} = \omega =$(000000001).

下面列出的一张简表(表 2-1)说明了全过程.

表 2-1

编号(步数)	九连环状态向量		备注
	全称记法	简记法	
0	000000000	0	
1	100000000	1	
2	110000000	11	
3	010000000	01	
4	011000000	011	把 1～3 步倒回走
7	001000000	001	
8	001100000	0011	把 1～7 步倒回走
15	000100000	0001	
16	000110000	00011	把 1～15 步倒回走
31	000010000	00001	
32	000011000	000011	把 1～31 步倒回走
63	000001000	000001	
64	000001100	0000011	把 1～63 步倒回走
127	000000100	0000001	
128	000000110	00000011	把 1～127 步倒回走
255	000000010	00000001	
256	000000011	000000011	把 1～255 步倒回走
511	000000001	000000001	

对于表 2-1 需加一些说明:第 5 步应走成 $\alpha_5 =$(111),第 6 步走成

$\alpha_6 = (101)$，这样 $\alpha_0 = \theta, \alpha_1, \alpha_2, \cdots, \alpha_7$ 都各不相同，别的走法必走出重复状态；注意第 1 步至第 3 步是恰好套上第 2 环的操作，而第 5 步至第 7 步恰是前 3 步的逆操作，下面第 8 步至第 15 步之间的操作正是第 1 步至第 7 步的逆操作，等等。所以，从 θ 到 ω 总共有 $2^9 = 512$ 个状态，"套上"或"解开"九连环需走 511 步，它已清楚地反映在附录 1 上了。我们只把表列出 18 行，读者很容易把它补充成 512 行，毫无遗漏地列出九连环的全部可能状态。

好了，如果要把九连环的九个环统统都套在柄上，即 $\alpha = (111111111)$ 的编号是多少呢？从完整 512 行的表（附录 1）上可看到 $\alpha_{341} = (111111111)$，即从 θ 开始，需走 341 步方能达到 $\alpha_{341} = (111111111)$，从 α_{341} 到 $\alpha_{511} = \omega$ 还得走 170 步。

因为空间 V 中的向量个数为 $2^9 = 512$，九连环从 θ 走到 ω 过程中也恰有 512 个不同状态，所以从 θ 走到 ω 时恰好穷尽 V 的所有向量。这样，我们称 θ 和 ω 分别为初始状态和最终状态就是很有理由的。而 $\alpha_{341} = (111111111)$ 只是全过程中的三分之二处附近的状态（如果从 θ 算起）。

现在我们用"图论"（Graph Theory）的语言重新叙述九连环。从图论观点看九连环，它就是一条简单的路。这条路的长度为 511，它共有 512 个顶点，路的一个起点代表九连环的初始状态，另一称为终点的代表最终状态。换句话说，这条路的拓扑性质就是一条有 511 段的不自交的曲线（或直线段，图 2-2）。从本质上说，九连环是拓扑玩具，但我们只着重研究其代数性质（计数问题）。

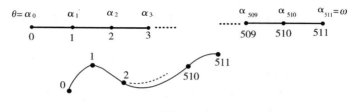

图 2-2

显然，这条路的顶点可以记为 $0, 1, 2, \cdots, 511$ 或 $\theta, \alpha_1, \alpha_2, \cdots, \alpha_{511} = \omega$。后面一种记法也可解释为把 Z_2 上 9 维线性空间 V 里的向量与集 $S = \{0, 1, \cdots, 511\}$ 的元素之间建立了一个一一对应关系，使状态向量与"步数"恰成对应（对状态向量适当编号）。

　　图论与智力游戏有极为密切的关系.绝大多数智力游戏问题都可从实质上归入"迷宫"(Maze).迷宫的基本特征是从令人眼花缭乱的岔路、死路和回路中要求游戏者找出一条通往出口(终点)的路.不同的迷宫游戏的数学差别就在于它们的拓扑结构不同.表面上看,九连环与梵塔迥然不同,但当我们把它们的数学本质弄清楚后,竟发现它们在本质上是同构的.自然界里也有许多类似的现象,例如某些力学和电学现象可用相同的微分方程描述,这正好可作为例证,说明数学的抽象性、概括性、普遍性.

　　让我们再回到图 2-2 上来,把它与九连环联系起来.九连环是一个极简单的迷宫,入口是 θ,以下依次为 $\alpha_1,\alpha_2,\alpha_3,\cdots,\alpha_{511}=\omega$.在任一状态 α_i 时,根本没有什么岔路!那么,为什么大多数人玩实物九连环时会困惑不已?那是九连环的实物结构蒙蔽了你.例如当你走成 $\alpha_8=$ (0011) 时,你只能看到手里九连环的一个实际状态,而 $\alpha_3,\alpha_7,\alpha_9,\alpha_{30}$ 等是什么样的状态,还是很难识别出来.按九连环的基本结构特征,从 α_8 只能走成 α_7 或 α_9,而走成 α_7 是走了回头路,你很可能未识别出这一点,这种在路上的来回徘徊,就是玩九连环的真正困难.根据如上的简短讨论,我们可以总结出一般规律:从 θ 走到 ω 的口诀是"勇往直前,绝不回头".具体地说就是:从 θ 只有一种走法,到达 $\alpha_1=$ (100000000);从 α_1 出发,不回头的走法只能到达 $\alpha_2=$ (110000000)……(设 $1\leqslant n\leqslant 510$)到达 α_n 时,心里要记住上一步 α_{n-1} 的状态,而下一步不能退回到 α_{n-1},只能走到 α_{n+1},这样,就可保证用 511 步,从 θ 走到 ω,即套上九连环.把上面的 511 步全部逆转,即可解开九连环.

2.3　引人入胜的新问题

　　套上九连环和解开九连环的问题都已经解决了.不过,数学家总喜欢绞尽脑汁、挖空心思再想点什么新花样出来.因为刚才两个问题 θ →ω 或 ω→θ 是非常特殊的问题.对照这两个问题,我们可以提出一个更普遍的问题:设 $\alpha,\beta\in V$,则 α,β 代表九连环的两个状态.现在我们问,从 α 走到 β 的最少步数是多少?如何走?如果我们不辞烦劳,认真把表 2-1 补充完整,把 512 行全部填好,则从表中可查出 $\alpha=\alpha_m,\beta=\alpha_n$,

于是从 α 到 β 的问题便可利用附录 1 去解决. 但是这种解法却不能使数学家满意.

现在我们研究如下两个基本问题, 这两个问题解决后, 以上的从 α 到 β 的问题也就解决了. 第一个基本问题: 设取定 $\alpha = (a_1 a_2 \cdots a_9) \in V$, 要求找到一种算法, 能求得从 θ 到 α 的最少步数 n, 记 $n = S[\alpha]$, 即从已知状态向量 α 求 n. 第二个基本问题就是上一问题的反问题: 设从集 $S = \{0, 1, 2, \cdots, 511\}$ 中取定 n, 问从 θ 开始, 不重复地走 n 步, 九连环的状态向量 $\alpha = ?$ 也即要找出一个算法, 从已知的 n 可求得 α, 使 $S[\alpha] = n$. 从集合和映射的观点来看, 这两个问题无非是求从 V 到 S 以及从 S 到 V 之间的一对互逆的映射.

许多科学家认为, 提出问题比解决问题更为重要. 因此, 提高独立思考和独立判断的一般能力, 应当始终放在首位, 而不应当把获得知识放在首位. 我们热忱地期望读者自己提出新问题, 体会其中的乐趣. 其实, 这里才真正蕴含着数学的精华与本质: 当我们在学习一条深奥的定理时, 要对发明者(发现者)的原始思想进行猜测: 为什么这条定理会成立, 怎么会想出这条定理的, 又怎么会想出如此精彩简明的证明方法的 ……

而提出问题, 就是设计一个"谜". 探索问题好比猜谜, 猜定理的条件, 猜定理的结论, 猜定理的证明方法. 九连环的两个基本问题终于提出来了. 我们一开始曾经猜它与二进制有关系, 结果遭到不少实例的"反对", 似乎这种猜想没有希望, 但是继续探索的过程中却发现九连环与二进制仍是有密切关系的, 不过这种关系处在一个更高的层次里, 是我们原先从未料想到的.

这里, 我们如实向读者招供如下: 在探索过程中, 我们曾把表 2-1 完完整整地列出(详见附录 1), 此处共有 512 个状态, 已把九连环游戏过程"全景图"一一枚举出来了. 固然, 这种方法看起来比较笨拙, 但在科学研究中, 这却是最基本、最有力、最有成效, 又是最容易使用的方法. 这张表完整地反映了九连环的所有性质, 例如前面所提的两个基本问题, 可以用"查表"法解决. 但是, 关于九连环的一些更有趣的性质却又未必能从这张表里被明显地看出来. 就像一个有限群, 虽然可以由它的乘法表完全确定, 但这个群的许多重要性质却不见得能从它的乘法表中被明显地发现.

2.4　探索的历程

　　九连环只不过是一个具体实例,其实,更一般的可考虑 k 连环. k 可取任意给定的自然数(比如 $k=200$ 或 $k=300$), k 连环具有什么性质呢?难道也要做一张 2^k 行的表吗?而且 k 连环的状态向量要用域 $F=Z_2=GF(2)$ 上 k 维线性空间 $V=V_F^k$ 的向量表示.对于 $k=200$,就已经不可能把这张表完整列出来了.

　　因此,数学家追求真理的一般方法是:寻求 k 连环的内在规律,在更高的层次上掌握 k 连环.

　　本节的主要任务是向读者简要地介绍我们是如何进行探索的,而把所得的初步成果放到下一节去叙述,希望读者们也来参加这个探索.

　　让我们从一些实例着手.例如 $\alpha_{13}=(1101)$, $\alpha_{16}=(00011)$, $\alpha_{29}=(11001)$,如果我们用有限域 $F=Z_2$ 的加法,对于向量各分量进行运算,则恰好得到: $\alpha_{29}=\alpha_{13+16}=\alpha_{13}+\alpha_{16}$(注:向量的对应分量相加时,按如下"模 2"运算规则: $0+0=0, 0+1=1+0=1, 1+1=0$).这个例子启示我们猜测 $\alpha_{m+n}=\alpha_m+\alpha_n$ 是否为普遍公式.

　　不难验证:

$$\alpha_{45}=\alpha_{32}+\alpha_{13}, \quad \alpha_{47}=\alpha_{34}+\alpha_{13}$$
$$\alpha_{55}=\alpha_{36}+\alpha_{19}, \quad \alpha_{61}=\alpha_{48}+\alpha_{13}$$

这些例子有力地"支持"了我们的猜想.

　　但是, $\alpha_{26}=(11101)\neq\alpha_{13}+\alpha_{13}=\theta, \alpha_{13}=(1101)$; $\alpha_{74}=(1111011)\neq\alpha_{61}+\alpha_{13}=(000101)=\alpha_{48}$;这些例子又说明猜测并不普遍成立.

　　人们会说,只要有一个反例,就足以说明猜想 $\alpha_{m+n}=\alpha_m+\alpha_n$ 不正确了.是的,这句话对于从逻辑上反驳公式的成立是正确的.但是对于严肃的科学探索,绝不能由此而轻率地全盘丢掉这条线索.甚至可以说,这个时候特别重要的是不能沮丧,不要以为出现了反例,我们就应完全放弃" $\alpha_{m+n}=\alpha_m+\alpha_n$ "的研究,我们仍然应当坚持探索"状态向量与其编号之间的关系".

　　事实上,我们紧紧地抓住了这条线索,继续深入考查为什么有例子不能支持猜想.通过进一步思考以及退一步思考:既然公式 $\alpha_{m+n} = \alpha_m + \alpha_n$ 对一般的 $0 \leqslant m, n \leqslant m+n \leqslant 511$ 是不能普遍成立的;但是,能否对于某些特殊的 m, n 成立?(这也能举出许多例子).经过反复曲折的努力,果然发现,如果 α_m, α_n 是某些特殊向量,公式 $\alpha_{m+n} = \alpha_m + \alpha_n$ 是成立的.

　　原先,我们对自己提的问题是:求出 $p \in S$,使得 p 能"分划"成 $p = m + n$,而 $m, n \in S$,且 $\alpha_p = \alpha_m + \alpha_n$.我们的终极问题是:对给定的 $\alpha \in V$,求从 θ 到 α 的最少步数 $S[\alpha]$.对于一般的"p 的分划"问题,太难于下手;于是,我们再往后退一步,考查一些较特殊的 p 及 α_p:

$$\alpha_1 = (1)$$
$$\alpha_3 = (01)$$
$$\alpha_7 = (001)$$
$$\alpha_{15} = (0001)$$
$$\alpha_{31} = (00001)$$
$$\alpha_{63} = (000001)$$
$$\alpha_{127} = (0000001)$$
$$\alpha_{255} = (00000001)$$
$$\alpha_{511} = \omega = (000000001)$$

　　从 θ 开始分别走到上列 9 个状态向量的最少步数为 $1 = 2^1 - 1$, $3 = 2^2 - 1, 7 = 2^3 - 1, 15 = 2^4 - 1, 31 = 2^5 - 1, 63 = 2^6 - 1, 127 = 2^7 - 1, 255 = 2^8 - 1, 511 = 2^9 - 1$.这是科学研究中常采用的一种特殊化(极端化)方法,它是状态向量的分量中恰有一个为 1 的极其特殊的一类,对于九连环来说,就是恰有一个环被套上的那种情况;如果是 k 连环,我们也容易猜到(并能证明),若其第 k 环被套上,其他环均未被套上的话,对应的步数即为 $2^k - 1$.

　　再考虑 $\alpha = (a_1 a_2 \cdots a_k)$ 中仅有两个分量为 1 的那些特殊向量:例如 $\alpha = (11), (011), (0011), (00011), \cdots, (000000011)$;这些向量中,联系它们的编号,可发现:$\alpha_1 + \alpha_2 = \alpha_3, \alpha_3 + \alpha_4 = \alpha_7, \alpha_7 + \alpha_8 = \alpha_{15}, \cdots$, $\alpha_{255} + \alpha_{256} = \alpha_{511} = \omega$.如果是 k 连环,它的状态向量应写为 $\alpha = (a_1 a_2 \cdots a_k)$;可以猜测(容易证明)$\alpha_{2^p-1} + \alpha_{2^p} = \alpha_{2^p + (2^p-1)} = \alpha_{2^{p+1}-1}$,即当

$m=2^p-1,n=2^p$ 时 $\alpha_m+\alpha_n=\alpha_{m+n}$ 成立,其中设 $\alpha=(a_1a_2\cdots a_k)$ 的分量里恰恰第 $p-1$ 和第 p 个为 $1(2\leqslant p\leqslant k)$. 稍进一步,$\alpha=(a_1a_2\cdots a_k)$ 的分量里恰有两个为 1,而且是 $a_r=a_p=1(1\leqslant r<p\leqslant k)$,则 $S[\alpha]=(2^p-1)-(2^r-1)$. 例如 $\alpha=(00100001)$,按此公式,$r=3,p=8$,于是,$S[\alpha]=(2^8-1)-(2^3-1)=248$,所以 $\alpha=(00100001)=\alpha_{248}$,而 $(001)=\alpha_7$,$(00000001)=\alpha_{255}$,$\alpha_7+\alpha_{248}=\alpha_{255}$,$S[\alpha_7]+S[\alpha_{248}]=S[\alpha_{255}]$.

到此,许多读者会跃跃欲试,自己来考虑三个环被套上的状态向量,例如 $\alpha=(0101001)$,$S[\alpha]=S[(0000001)]-S[(0101)]$,而 $S[(0101)]=S[(0001)]-S[(01)]$. 因此,$S[\alpha]=(2^7-1)-(2^4-1)+(2^2-1)=115$,也即我们求出从 θ 到 $\alpha=(0101001)$ 的最少步数应是 115,$\alpha=(0101001)=\alpha_{115}$.

一般 k 连环的状态向量 $\alpha=(a_1a_2\cdots a_k)$,若它的第 $i_1,i_2,\cdots,i_p$ 环被套上,其他环未被套上$(1\leqslant i_1<i_2<\cdots<i_p\leqslant k)$,则不难推导出:

$$S[\alpha]=(2^{i_p}-1)-(2^{i_{p-1}}-1)+(2^{i_{p-2}}-1)-\cdots+(-1)^{p-1}(2^{i_1}-1)$$

综上所述,起初我们为了研究任意给定的状态向量 α 应该编为几号,使得与步数可联系起来. 这一个基本问题,引导我们去研究公式 $\alpha_{m+n}=\alpha_m+\alpha_n$(向量的"分解"要与编号的"分解"相协调). 但是,一般的 m,n 不可能使公式恒成立,这迫使我们退一步,回到与步数有关的基本问题上,对某些特殊 m,n 来考虑. 而什么情况属于特殊的呢?这可从向量本身以及九连环(k 连环)的结构来辨认. 当特殊的情况被研究清楚以后,再逐步考虑稍稍一般的特殊情况 …… 一直到最一般的情况. 其实,一般问题的解决,正是沿着转化(归结)到特殊的问题这条途径的.

2.5　初步成果

上一节里,我们只是极其简略地介绍了一个基本问题的探索过程,许多失败的尝试都未提及,也不可能一一介绍. 否则,篇幅要扩大好几倍,而且一定会令人倒胃口. 试想如果导游领着游客尽在迷宫中打圈圈、钻死胡同,会怎么样?所以,上一节并不是完全真实的探索过程,而是在探索成功之后精心总结的报告.

猜谜,往往从线索入手.先产生一个粗糙的猜测,并与谜面的要求去对照和校正;再重猜,重新对照和校正,就渐渐贴近了.探索九连环,先从特殊情况入手,渐渐解开它的谜底.在实际探索的过程里,并不是只考虑一个基本问题,而往往是几个基本问题及它们的反问题交错在一起考虑的,它们互相促进和互相补充.

本节中,我们用定理形式,总结初步的成果,而把发现定理和证明定理的过程留给读者.九连环研究清楚后,更一般的 k 连环的问题已毫无困难.所以,我们只需对于九连环给出下面一组定理.

定理 1 九连环所有可能状态有 $2^9 = 512$ 个.

定理 2 设 $\alpha = (a_1 a_2 \cdots a_9)$ 是指定的一个状态(可设 $\alpha \neq \theta$),则由 θ 到 α 的最少步数为

$$S[\alpha] = (2^{i_p} - 1) - (2^{i_{p-1}} - 1) + (2^{i_{p-2}} - 1) - \cdots + (-1)^{p-1}(2^{i_1} - 1)$$

其中,$1 \leqslant i_1 < i_2 < \cdots < i_p \leqslant 9$,而 α 的分量中不为 0 的依次为 $\alpha_{i_1}, \alpha_{i_2}, \cdots, \alpha_{i_p}$.

定理 3 给定步数 $n \in S = \{0, 1, 2, \cdots, 511\}$,求方程 $S[\alpha] = n$ 的解.显然,$\alpha = \theta$ 的充要条件是 $S[\alpha] = 0$.设 $1 \leqslant n \leqslant 511$,把 n 表成二进制:

$$n = 2^{k_1} + 2^{k_2} + \cdots + 2^{k_p} \quad (0 \leqslant k_1 < k_2 < \cdots < k_p \leqslant 8)$$

对于 $k_1, k_2, \cdots, k_p$ 分别作向量 $\beta_1, \beta_2, \cdots, \beta_p$;如果 $k_1 = 0, \beta_1 = (1)$;k_i 对应的向量 β_i 的分量中第 k_i 个和第 $1 + k_i$ 个为 1,其他分量均为 0,则 $\alpha = \beta_1 + \beta_2 + \cdots + \beta_p$.

例如,$n = 41 = 1 + 8 + 32 = 2^0 + 2^3 + 2^5$;$k_1 = 0, k_2 = 3, k_3 = 5$;$\beta_1 = (1), \beta_2 = (0011), \beta_3 = (000011)$;于是 $S[\alpha] = n = 41$ 的解为 $\alpha = \alpha_{41} = \beta_1 + \beta_2 + \beta_3 = (101111)$.

实质上,定理 3 解决了从给定的 $n(0 \leqslant n \leqslant 511)$,确定状态向量 α_n 的问题.这个方法中体现出了二进制的作用.在后面,我们再介绍另一种方法.

2.6 莫教授的难题

2.5 节中的定理 2 与定理 3 解决了我们的两个基本问题,但这只

是初步的成功.

大家都能体会到,如果一台机器操纵起来相当困难和复杂,那么即使它的功能非常好,也不得不承认仍有严重的缺陷.比如工程师设计研制出来的彩色电视,如果必须具备微积分知识或电子学知识的人方能使用,那真是笑话了.同样的道理,为什么奇妙而饶有趣味的数学成果、人类智力的宝贵结晶,偏偏非要用艰深得令人望而生畏的数学公式和别扭的数学语言去表述呢?难道不能设法改进,以使广大的非数学工作者也可共享数学成果吗?除了发现真理之外,普及和传播真理也应当是世界上最伟大、最有意义的工作之一.

作者小时候就有这种体验.初次看到留声机、收音机等仪器设备时,总觉得发明者简直聪明绝顶,什么都考虑到了,那个部件必须安装在这里,这个零件起到它的特别作用,以至不能缺少它,等等,似乎完美无缺,不可更动.然而,当我稍稍懂事一点之后,知识渐渐多起来,就觉得曾经的感受不对了,几乎认为每种仪器设备都有它的缺点和设计不周之处,而大有改进余地.即使证明一个数学定理,完成后,我仍常常怀疑这还不是最简捷、最漂亮的证明,总想再去找寻更简捷、更漂亮的证明.因此,常常想,或许科学家与艺术家不同,科学家常觉得自己的成果不完善,还能大大改进和推广.

我国著名数学家莫绍揆教授对九连环的奇妙性也十分欣赏.当我得到定理 1 ~ 定理 3 时,十分激动地去拜访他.我们一同讨论多次.几天后,莫先生问我:"你知道从 θ 开始走到第 n 步的时候,正在走哪个环,是在'上'还是'下'这个环吗?""并且,在走这 n 步过程中,各个环被走到过几次,这些次数如何计算?"啊,我只好坦率承认,还没有想到过这两个问题.当下莫教授就把奇妙的解答告诉了作者,这就是下面的定理 4、定理 5 和定理 6.

定理 4   设给定自然数 $n(1 \leqslant n \leqslant 511)$,则

(1)可唯一确定正整数 h,使得 $2^{h-1} \parallel n$(2^{h-1} 能整除 n,而且 2^h 不能整除 n);

(2)从 θ 开始,走到第 n 步时,恰好在动第 h 环;

(3)这时,只有下列两种可能:

当 $\dfrac{n}{2^{h-1}} \equiv 1 \pmod 4$ 时,第 n 步正在上第 h 环.

当 $\dfrac{n}{2^{h-1}} \equiv -1(\bmod 4)$ 时,第 n 步正在下第 h 环.

其中 $a \equiv b(\bmod 4)$ 表示 $a-b$ 是 4 的整数倍.

定理 5 设给定 $n(0 \leqslant n \leqslant 511)$,则九连环从 θ 开始,走 n 步的过程中,它的第 h 环被动过的次数为

$$t_h = \left[\dfrac{n}{2^{h-1}}\right] - \left[\dfrac{n}{2^h}\right] \quad (h=1,2,\cdots,9)$$

其中 $[X]$ 表示 X 的整数部分.

我们不在此证明定理 4 和定理 5,只介绍一个有趣的应用,这是值得说明一番的.

应用前面的定理 3 去解决由 n 求 α 的问题,仍觉得较麻烦.让我们仔细推敲定理 5.第 h 环被动过 t_h 次,当 $t_h =$ 奇数,恰表示第 h 环在套柄上;反之,若 $t_h =$ 偶数,就表示第 h 环不在套柄上.这样,状态向量 $\alpha = (a_1 a_2 \cdots a_9)$ 的每个分量 a_h 就被 n 和 h 所决定.所以,由定理 5 也能解决从 n 求 α 的问题,这就是从 n 求 α 的第二个方法(请与定理 3 比较),我们把它写成定理 6 的形式.

定理 6 设九连环从 θ 开始走过 n 步后得到的状态向量为 $\alpha = (a_1 a_2 \cdots a_9)$,则 $a_h = 1$ 的充要条件是 $t_h =$ 奇数;$a_h = 0$ 的充要条件是 $t_h =$ 偶数,亦即 $a_h \equiv t_h(\bmod 2)$,$a_h = 0$ 或 $1(h=1,2,\cdots,9)$.

九连环(k 连环)尚有许多其他的奇妙性质值得探讨,当然每个性质都蕴含在它的表中,只是不容易从表中明显地看出来而已.我们在此只给出两个启示:(1)请读者任选一个自然数 k,观察 $\alpha_k,\alpha_{2k},\alpha_{4k}$,$\alpha_{8k},\cdots$ 有什么特征.(当然,选较小的数作为 k 比较合适);(2)试选较大的自然数 k,观察 $\alpha_k,\alpha_{\left[\frac{k}{2}\right]},\alpha_{\left[\frac{k+1}{2}\right]},\alpha_{\left[\frac{k-1}{2}\right]},\cdots$ 有什么特点.显然,(1)与(2)有点像互逆的思考.

我们希望读者自己去发现新的天地.

2.7 梵塔探胜

本节,我们用数学观点来剖析梵塔游戏的奇妙性质.传说在印度北部的一座圣庙里,有一块黄铜板,板上竖插三根宝石针.梵天(印度教的主神)在创造世界的时候,把 64 片大小不同的黄金片套在其中一根宝石针上,而这些金片从上到下是按照由小到大的次序安排的.不

分白天黑夜,都有一个值班的僧侣照梵天的命令,把这些金片在三根宝石针上移来移去:"每一次只能移一片,并且不论金片在哪根宝石针上,小片不可在大片之下."当这 64 块金片都从梵天创造世界时所放的那根宝石针上移到另外一根针上时,整个世界就将在一声霹雳中化为乌有,从而梵塔、庙宇和众生都将同归于尽.

按照梵天的命令,把这座梵塔全部移到另一根宝石针上,需要多少时间呢?天文学告诉我们,一年约为 365.2422 天,合约31556926 秒.假设僧侣每秒钟移动一块金片,日夜不停地移下去,也大约需要5800亿年才能完成.

读者不妨来核算:如果梵塔有 k 层,则搬移总数为 $2^k - 1$(只需用归纳法便可证明).对于 64 层的梵塔,如果每次移动都是正确的,也需要 $2^{64} - 1 = 18446774073709551615$ 次,大约需要 5800 亿年的时间.而根据现代科学技术,所能观察到的宇宙范围约 360 亿光年.从这个范围里,加上人类现在所掌握的知识,估计宇宙的历史只不过几百亿年;另外,我们已能估算,我们的太阳作为一颗大氢弹,还能维持 100 亿 ~ 150 亿年,与5800 亿年比起来,仍是微不足道的.

更有趣的是,梵塔与九连环有惊人的相似之处!

我们首先注意到 k 层梵塔所需搬动的总次数是 $M_k = 2^k - 1$,而解开 k 连环所需要的最少步数也恰是 M_k. 在数论里,对于梅尔森(Mersenne)数 $M_k = 2^k - 1$ 的奇妙性质已做过一些研究,但是仍留着大量难题等待人们去探索.

当我们看到答案是 M_k 的时候,心情真是激动,并立刻想到,梵塔与九连环之间有什么相似之处吧!我们回想到,质点在黏性流体中的运动与某个电路的微分方程是相似的;电学与流体力学的数学描述也有类似的偏微分方程;所以,我们随即试图把 k 连环的一组基本定理"搬移"到梵塔上,结果相当成功,只有一点点微小的变动.其根本原因是由梵塔与九连环的实物结构不同所引起的.对于九连环的每个环,只有两种状态——被套上与未被套上,所以可以用0,1来表示,而梵塔的每一片可分布在任一根针上,所以需用三个不同符号去表示.于是,对于梵塔,采用三进制、三循环(周期为 3)、模 3(mod 3)或有限域 $Z_3 = GF(3) = \{0, 1, 2; +, \times\}$ 等,就毫不奇怪了.

为了叙述方便,在图 2-3 中自左向右的三根针依次记为 0、Ⅰ、Ⅱ,金片的片数只画出一部分,也编上号码(小片的号码小). 图 2-3 和图 2-4 是 9 片梵塔游戏的示意图(已做了简化).不失一般性,有时常常假定第 1 步把 1 号金片移到 Ⅰ 号针上去.但在特殊问题里,要把 1 号金片移到 Ⅱ 号针上去.

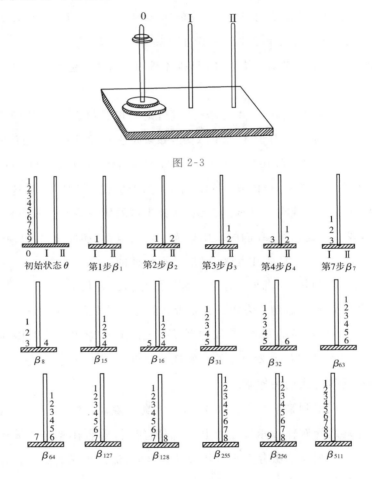

图 2-3

图 2-4

啊哈!我已掌握梵塔游戏了!梵塔状态与九连环相应状态完全一致!

且慢,九连环有两个基本问题:由 n 求 α 和由 α 求 n.梵塔的基本问题一样吗?例如,梵塔移动 100 次后($n=100$),它的各片在各根针上的状态如何?反之,任意给定一种各片分布在各针上的状态(当然小片不在大片之下),在梵塔的移动规则下,能不能移成这个状态?最少移动步数如何求?等等,仿照九连环,可以对梵塔提出相应的问题.

我们有可能一开始就以为只要略加变动,就可把九连环的一组基本定理很简单地"搬到"梵塔上来. 然而,很快就发现没有原先所想的那么简单,而是相当复杂的. 但是我们已经在探索九连环的过程中积累了大量经验,这对指导我们去探索梵塔的奥秘起到了决定性的作用. 一般来说,如果把对梵塔的探讨过程仿照九连环那样写出来,将使本章的篇幅扩大一倍.

聪明、细致而又有耐性的读者,如果把梵塔的 512 个状态都记录下来,便会发现,任意指定梵塔的一个状态不一定出现在这 512 个状态中,例如图 2-5 里所示的状态 α 和 β.

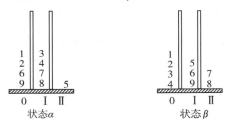

图 2-5

联想九连环的定理 1,它说的是九连环的状态向量充满 Z_2 上 9 维线性空间 V,也就是说,V 的任一向量,都是九连环实际可走成的状态向量. 现在对于 9 层的梵塔来说,却出现新的蹊跷. 大自然总要留一些秘密让人类探索,她绝不会轻易地把秘密透露给大家. 科学家世世代代地、无穷尽地探求着大自然的奥秘,或许要等到 64 片梵塔移完时,才能完全揭开大自然的秘密.

2.8　奇妙的同构

数学家有独特的思考方式. 梵塔有三根针,这决定了梵塔的状态向量与九连环有重大差别. 但是,数学家却可以找出其"基本上"与九连环一一对应的那一条"移动路线",甚至赋予它们之间存在着"同构"的美妙称号.

法国数学家庞加莱(H. Poincaré)在《数学创造》中精辟地说:"数学创造实际上是什么呢?它并不在于用已知的数学实体做出新的组合. 任何一个人都会做这种组合,但这样做出的组合在数学上是无限的,它们中的大多数完全没有用处,创造恰恰在于不作无用的组合,而作有用的、为数极少的组合.发明就是识别选择."

在上面的梵塔探胜一节里的图 2-4,实际上给出了"简捷的移法",对这个 511 步的移法(梵塔共有 512 个正规状态),可以看出:奇数号金片被移动的规律是在 0、Ⅰ、Ⅱ 针上周期地移动;而对偶数号金片来说,则在 0、Ⅱ、Ⅰ 针上周期地移动.另外还有第二个重要规律是:在这 511 步移动过程中,Ⅰ 号针的最下面一片(如果有金片)的号码一定是奇数,而 Ⅱ 号针的最下面一片(如果有金片)的号码必是偶数(对于偶数层梵塔,0 号针的最下面一片为偶数号码).以上两条规律是不是已对这 512 个状态做出了完整的刻画?

经过反复探索,我们发现还有未被揭示出来的规律等待我们去找寻.因为图 2-6 所示的梵塔状态并没有出现在这 512 个状态中,但它们都符合前已发现的两条规律.

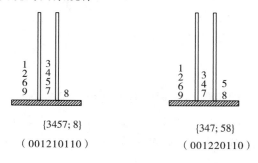

{3457; 8}　　　　　　{347; 58}
（001210110）　　　　（001220110）

图 2-6

至此,我们意识到梵塔不能与九连环简单地相比.至少,还有其特殊的新问题需要我们去研究.

我们用的办法是很笨拙的,仍和九连环一样,我们干脆把图 2-4 所示的过程,全部补足成一张全表.但是,如果每个状态都画一个图,又似乎太麻烦,于是我们想出一种简便的记法 ——"两重向量法".图 2-6 里的两状态分别记为{3457;8}和{347;58},只需记明 Ⅰ、Ⅱ 针上金片的分布就足够了,这是状态的第一种记法.另一种记法后面再说明.我们对梵塔的全表仔细观察研究之后,终于又看出其中隐藏的第三条规律:梵塔每一根针上相邻金片的号码必定奇偶性不同.

好了,终于大功告成!这三条规律完整地刻画了梵塔全部移到另一根针上的各步状态.对于 k 层梵塔,$k =$ 奇数时,$2^k - 1$ 步后全部移到

Ⅰ号针上;$k=$ 偶数时,2^k-1 步后全部移到 Ⅱ 号针上. 在这样的移动过程中,梵塔共有 2^k 个状态,称为"正规状态".

现在我们再来看看图 2-6,$\{3457;8\}$ 不满足第三条规律(6 与 2 都是偶数,7 与 5 都是奇数),所以它不是正规状态;$\{347;58\}$ 也不符合第三条规律,所以也不是正规状态. 这些情况的发现,又引出一个问题:如果任意指定梵塔的 k 片分布在三根针上的一个状态(有的针上可以没有金片),在移动规则下,能否真能移成这个状态?当然,如果所指定的状态恰好是正规状态,这就不成问题. 但是,如果不是正规状态,这问题便是有点意义的了.

答案是肯定的,而且计算其所需的最少移动次数也是容易解决的. 这将留给读者自己去完成.

在移动规则下,梵塔能搬移出的任一状态都叫"容许状态". k 层梵塔有 3^k 个容许状态,但只有 2^k 个正规状态,所以它有 3^k-2^k 个非正规的容许状态. 前面的三条规律是判别容许状态恰成为正规状态的充分和必要的条件.

2.9　梵塔小结

仿照九连环,我们对梵塔的一些最基本的问题进行了探索. 现以定理的形式综述如下:

定理 7　移动 k 片梵塔所需要的最少步数是 2^k-1. 如果规定第 1 步移第 1 号金片到 Ⅰ 上,则当 $k=$ 奇数时,最后全部被移到 Ⅰ;而当 $k=$ 偶数时,最后全部被移到 Ⅱ 上.

定理 8　梵塔在移动规则下,可以移出 3^k 个不同的容许状态,其中只有 2^k 个正规状态.

定理 9　梵塔从初始状态按正规状态移动 2^k-1 步的过程中,服从三条规律:(1)任一片奇数号码的金片在 0、Ⅰ、Ⅱ 上循环移动. 而任一片偶数号码的金片在 0、Ⅱ、Ⅰ 上循环移动.(2)Ⅰ 上如果有金片,则最大的号码必是奇数;而 Ⅱ 上如果有金片,则最大的号码必是偶数;0 上如果有金片,则最大的号码的奇偶性必与 k 的奇偶性相同.(3)如果 $0(c_1 c_2 \cdots c_w)$,Ⅰ$(a_1 a_2 \cdots a_u)$,Ⅱ$(b_1 b_2 \cdots b_v)$ 是梵塔的正规状态,设 0 上分布 $c_1, c_2, \cdots, c_w$ 号金片($c_1 < c_2 < \cdots < c_w$),则 $c_1, c_2, \cdots, c_w$ 奇偶性

交替,Ⅰ和Ⅱ上也是如此$(u+v+w=k)$.

定理 10 对于 k 片梵塔,任意指定这 k 片的分布 $0(c_1c_2\cdots c_w)$,$Ⅰ(a_1a_2\cdots a_u)$,$Ⅱ(b_1b_2\cdots b_v)$,则这种状态必是正规状态[如果定理 9 里的(1)、(2)、(3) 成立].

定理 7 ～ 定理 10 在实质上已经解决了一个组合学的计数问题,我们采用"投票模型"重述为:

定理 11(一种投票问题) 在 k 张票上分别编上 $1,2,\cdots,k$ 号后,全部投入三个编号为 0、Ⅰ、Ⅱ 的箱子中.设 Ⅰ、Ⅱ、0 号箱中的票号分别为 $(a_1a_2\cdots a_u)$,$(b_1b_2\cdots b_v)$,$(c_1c_2\cdots c_w)$;允许有的箱中没有票;$a_1<a_2<\cdots<a_u,b_1<b_2<\cdots<b_v,c_1<c_2<\cdots<c_w$;但是,如果箱中有票时,要求 $a_u=$ 奇数,$b_v=$ 偶数,$c_w\equiv k(\bmod 2)$,而且每只箱子中的票号按大小排列后恰好奇偶交替.满足这组条件的投票法称为正规的,则共有 2^k 种正规投票法.

梵塔的基本问题暂时讨论到此,它的另一些问题,可以根据基本问题组装配合而获得解决.

2.10 操作实例

我们打算这样结束本章:把定理 1 ～ 定理 11 糅合在一起,通过几个具体计算实例,用一个矩阵 A 来说明如何求解各种问题.读者可以发现,最后,我们在实际上只需要用到整数的加、减、乘、除.也就是说,完全可以抛去数论、有限域和线性空间的数学概念,一个初中学生就能成为一个"操作员".

为了确定起见,我们以九连环和九片的梵塔为例.从它们的初始状态 θ 出发,取移动步数 n 为 180 的这一实例,求九连环的 $\alpha=\alpha_{180}$ 和梵塔的正规移动的 β_{180}.

构作如下的 5×9 矩阵 A:

1°	180	90	45	22	11	5	2	1	0	除以 2,取整
2°	0	0	1	0	1	1	0	1	0	二进制
$A=$ 3°	90	45	23	11	6	3	1	1	0	各环(片)移动次数
4°	0	1	1	1	0	1	1	1	0	九连环状态
5°	0	0	2	2	0	0	1	1	0	梵塔状态

矩阵 A 有 5 横行 9 竖列（k 连环、k 梵塔时为 k 列），共由 45 个数字组成.

第 $1°$ 行：第 1 个数 $a_{11} = n = 180$，$a_{1j} = \left[\dfrac{n}{2^{j-1}}\right]$（$j = 1, 2, \cdots, 9$），也就是逐次被 2 除并取整数部分，只需用到除法；

第 $2°$ 行：从左至右的 a_{2j} 是 a_{1j} 被 2 除所得的余数（0 或 1），其中 $j = 1, 2, \cdots, 9$. 这就是把 n 化成二进制表示法的过程（但位数顺序与通常的相反），例如

$$n = 180 = 2^2 + 2^4 + 2^5 + 2^7 = (001011010)_2$$

第 $3°$ 行：$a_{3j} = t_j = \left[\dfrac{n}{2^{j-1}}\right] - \left[\dfrac{n}{2^j}\right]$，其中 $j = 1, 2, \cdots, 9$；这 9 个数依次表示第 1 环至第 9 环在 $n = 180$ 步中动过的次数（梵塔各片被移次数相同）；

第 $4°$ 行：$a_{4j} = a_j = 0$ 或 1，且 $a_j \equiv t_j \pmod 2$；$a_1, a_2, \cdots, a_9$ 是 $n = 180$ 对应的状态向量 $\alpha = \alpha_{180}$ 的各分量，由定理 6，$\alpha = \alpha_{180} = (011101110)$（$j = 1, 2, \cdots, 9$）；

第 $5°$ 行：$a_{5j} = b_j = 0$、1 或 2，且 $b_j \equiv t_j \pmod 3$，$j = 1, 2, \cdots, 9$；$\beta = (b_1 b_2 \cdots b_9)$，即梵塔从 θ 出发走 n 步后所得的状态向量. 对于 $\beta = (002200110)$，第 1 片"相当于"移 0 步，所以仍在 0 号针上；第 2 片也如此；第 3 片"相当于"移 2 步，所以它在 II 上；第 4 片相当于移 2 步，所以它在 I 上；第 5 片与第 6 片在 0 号针上.……，所以梵塔从 θ 走 180 步后，得到的第 181 个正规状态可用 $Z_3 = \{0, 1, 2; +, \times\}$ 上 9 维线性空间 U 里的向量表示为 $\beta = \beta_{180} = (002200110)$，它的实际状态如图 2-7 所示.

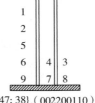

$\{47; 38\}, (002200110)$

图 2-7

按如上方法，由给定的 n（$0 \leqslant n \leqslant 511$），完全确定了这个矩阵 A. 它的第 $3°$ 行表示各环（各片）在 n 步中移动的次数. 它的第 $4°$ 行就是从 θ 走 n 步后九连环的状态向量. 反之，如果在 A 的第 $4°$ 行上任意指定一个状态向量 $\alpha = (a_1 a_2 \cdots a_9)$，则 A 也被完全确定（定理 2）.

最后，如果 A 的第 $5°$ 行上的 9 个数用 0、1、2 中的任意一个填进去，它们能不能代表梵塔的一个正规状态呢？答案是否定的！在图 2-6 所示的两个状态 $\beta_1' = \{3457; 8\} = (001210110)$ 和 $\beta_2' = \{347; 58\} =$

(001220110) 中的任一个都不会出现在 512 个正规状态中（定理 9，定理 10）．

我们先来解决如果 $\beta = (b_1b_2\cdots b_9)$ 是正规向量，从 θ 到 β 的最少步数 n 如何计算的问题．设 $\beta = (001211210)$，按约定，容易确定它表示的实际梵塔状态如图 2-8 所示，也即 $\beta = \{345;678\}$．

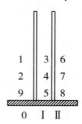

$\beta = \{345;678\}$，$\beta = (001211210)$，$\beta = \beta_{227}$

图 2-8

解　首先，容易一一验证 β 满足定理 9 和定理 10 中的三条规律，所以 β 是正规向量．

其次，计算梵塔各片被移过的次数的方法如下：

第 9 片被移过 $t_9 = 0$ 次．

第 8 片被移过的次数 t_8 满足两个条件：

$$\begin{cases} \mid t_8 - 2t_9 \mid \leqslant 1 \\ t_8 \equiv 1(\mathrm{mod}\ 3) \end{cases}$$

所以 $t_8 = 1$．

第 7 片被移过的次数 t_7 满足两个条件：

$$\begin{cases} \mid t_7 - 2t_8 \mid \leqslant 1 \\ t_7 \equiv 2(\mathrm{mod}\ 3) \end{cases}$$

所以 $t_7 = 2$．

第 6 片被移过的次数 t_6 满足

$$\begin{cases} \mid t_6 - 2t_7 \mid \leqslant 1 \\ t_6 \equiv 1(\mathrm{mod}\ 3) \end{cases}$$

所以 $t_6 = 4$．

第 5 片被移过的次数 t_5 满足

$$\begin{cases} \mid t_5 - 2t_6 \mid \leqslant 1 \\ t_5 \equiv 1(\mathrm{mod}\ 3) \end{cases}$$

所以 $t_5 = 7$.

第 4 片被移过的次数 t_4 满足

$$\begin{cases} \mid t_4 - 2t_5 \mid \leqslant 1 \\ t_4 \equiv 2 \pmod 3 \end{cases}$$

所以 $t_4 = 14$.

第 3 片被移过的次数 t_3 满足

$$\begin{cases} \mid t_3 - 2t_4 \mid \leqslant 1 \\ t_3 \equiv 1 \pmod 3 \end{cases}$$

所以 $t_3 = 28$.

第 2 片被移过的次数 t_2 满足

$$\begin{cases} \mid t_2 - 2t_3 \mid \leqslant 1 \\ t_2 \equiv 0 \pmod 3 \end{cases}$$

所以 $t_2 = 57$.

第 1 片被移过的次数 t_1 满足

$$\begin{cases} \mid t_1 - 2t_2 \mid \leqslant 1 \\ t_1 \equiv 0 \pmod 3 \end{cases}$$

所以 $t_1 = 114$.

实际上,我们根据正规向量 β,作为矩阵 A 的第 $5°$ 行已知,"恢复"出 A 的第 $3°$ 行,当然也恢复出 A 的左上角元素 $n = t_1 + t_2 + \cdots + t_9 = 227$;于是,矩阵 A 完全可以确定了.现在,不妨取 $n = 227$,按前面构作 A 的方法,验证一番:

$$A = \begin{array}{|c|c|c|c|c|c|c|c|c|} \hline 227 & 113 & 56 & 28 & 14 & 7 & 3 & 1 & 0 \\ \hline 1 & 1 & 0 & 0 & 0 & 1 & 1 & 1 & 0 \\ \hline 114 & 57 & 28 & 14 & 7 & 4 & 2 & 1 & 0 \\ \hline 0 & 1 & 0 & 0 & 1 & 0 & 0 & 1 & 0 \\ \hline 0 & 0 & 1 & 2 & 1 & 1 & 2 & 1 & 0 \\ \hline \end{array}$$

$227 = 2^0 + 2^1 + 2^5 \\ \qquad + 2^6 + 2^7$

各环(片)移动次数

$\alpha = (010010010)$

$\beta = (001211210) \\ \quad = \{345; 678\}$

综前所述,读者也许已经体会到:定理 9 中的三条规律,恰恰是用来从向量空间 U 中适当地选择出 2^k 个正规向量,使得梵塔金片的正规移动状态与 k 连环的状态建立一一对应的,在这个意义下,k 片梵塔与 k 连环出现"同构"关系.

最后,我们给出一个实例,说明梵塔从初始状态走到一个非正规的容许状态的最少步数的计算方法.实质上它是由基本问题适当"组装"出来的解法,所以我们假定读者至少已掌握了基本问题的解法,设 $k = 9$.

设取定 $\beta = (001210110)$,求 θ 到 β 的最少步数 n(片子移动不必服从定理 9 中的三条规律.第一步,1 号金片可按情况移到 Ⅰ 或 Ⅱ 上去;但号码大的金片仍不可以在号码小的金片之上.)

解 首先,把 β 改写成 $\beta = \{3457;8\}$(读者应写出 β 的自然表示法),它不是正规的:0 号针上分布着 0(1269),2 与 6 都是偶数,就已破坏规律;Ⅰ 号针上分布着 Ⅰ(3457),5 与 7 都是奇数,也已破坏规律.所以在把 9 片金片全部移到 Ⅰ 上去的 512 个状态中绝不会出现 β.刚才给出的例子是从正规状态求步数的方法,不能搬过来用(请读者自己验证).因此,应寻找有效解法.

其实,只要多次运用定理 7 及其简单推论,就可拼装出有效的解法(特殊问题的解决可移植到一般问题上),我们不一定第 1 步就把第 1 号金片移到 Ⅰ 上去,如需要,则第 1 步把第 1 号金片移到 Ⅱ 上去(认为 Ⅰ 改为 Ⅱ′ 而 Ⅱ 改为 Ⅰ′ 即可).同样,金片移动不必服从定理 9 所说之三规律,移动过程中可能多次要把 0、Ⅰ、Ⅱ 号针的"编号"改变,以适合我们的需要.

下面我们写出从 θ 走到 $\beta = (001210110) = \{3457;8\}$ 的最少步数 n 之计算过程中的关键步骤:

用 $n_1 = 2^7$ 步可从 θ 走到 $\beta_1' = \{1234567;8\}$,再走 $n_2 = 2^5$ 步可到达 $\beta_2' = \{7;123458\}$,再走 $n_3 = 2^4$ 步可到达 $\beta_3' = \{57;8\}$,再走 $n_4 = 2^3$ 步可到 $\beta_4' = \{457;1238\}$,再走 $n_5 = 2^2$ 步便到 $\beta = \{3457;8\}$;所以总共走

$$n = n_1 + n_2 + n_3 + n_4 + n_5 = 188(步)$$

易知,这是从 θ 到 β 的最少步数.

当然,九连环与梵塔还有许多奇妙的性质,我们只好到此收场,有兴趣的读者可以继续去挖掘.

2.11 玩九连环的捷径

在本章的 2.1～2.10 节中,为了简便,也为了能与梵塔相对应,我

们暗中对九连环作了限制:"每步"只准改变一个环的状态,其他八个环的状态不变.

这条限制是强加的,其实九连环还有一个巧妙的特点.

(1*)如果第 1 环和第 2 环的状态相同,则用"1 次"操作,就可同时改变第 1 环和第 2 环的状态,而其他环的状态不变.第 1 环总可用"1 次"操作而改变状态,其他环的状态不变.

2.2 节里的(2)仍然有效,兹重新列出:

(2*)$1 \leqslant n \leqslant 8$ 时,用"1 次"操作能够改变第 $n+1$ 环状态,而不改变其他环状态的充分必要条件是:第 n 环已上,且在第 n 环之前的环(如果有的话)都不在套柄上.

在(1*)和(2*)的规则下,用最少次数玩九连环,就是九连环的快速玩法.依作者个人的经验,用快速法,从 θ 到 ω(或从 ω 到 θ),10 ~ 15 分钟可以完成.(当然,这与九连环是否制作得灵巧、操作手法是否熟练有很大关系.)

2.12 九连环的变形

在有的书中可看到变形九连环的图,它的外观与常见的九连环不同,作者很困惑,到底玩起来是否与常见的九连环基本相同?所以就自己动手制作了一个简化的铁链模型(环数少一些),验证一番,确实是可行的.

另外,友人告知,许多年前的电学杂志里,曾有人写过"电子九连环",但是苦于无法查阅.因此,只能独自想当然,凭此启发,设计如下:

(1)用九个键,控制九盏灯的"明"和"暗"(分别用 1 和 0 表示明和暗),"按 1 次"第 1 号键,就可改变第 1 号灯的明暗状态,而不改变其他灯的明暗状态.

(2)$1 \leqslant n \leqslant 8$ 情况下,能够"按下"第 $n+1$ 号键(使之起到控制开关的作用)改变第 $n+1$ 号灯的明暗状态,而不改变其他灯的明暗状态的充分必要条件是:第 n 号灯已明,且在第 n 号灯之前的灯(如果有的话)全是暗的,否则,第 $n+1$ 号键是"按不动"的(不能起到控制开关的作用).

大家都能看出,以上两条与 2.2 节里的(1)和(2)是"同构"的.从九盏灯全暗的状态,变成九盏灯全明的状态 $\alpha \equiv (111111111)$,最少操作次数是 341. 如果从这个状态下,想把前面八盏灯关掉,而只留下第 9 号灯明,最少还要操作 170 次.

下面,仿照快速九连环玩法,改进电子九连环:用 ①、②、…、⑨ 分别代表九个键及其编号,另增添一个新键(称之为"联键")并用方框示意.

①   ②   ③   ④……⑨

|①&②| 联键

(3) 能够"按下"联键(使之起开关作用)的充分必要条件是:第 1 号灯和第 2 号灯状态相同,按联键 1 次就同时改变第 1 号灯和第 2 号灯的状态,而不改变其他灯的状态.

在(1)～(3)的规则下,操作十个键,玩快速电子九连环,同构于快速九连环.

2.13 九连环记数法与 Gray Code

当 $0 \leqslant n \leqslant 511$ 时,按最少步数,不重复地走九连环,从 θ 走到 $\alpha = (a_1 a_2 \cdots a_9)$. 我们就以这个状态向量"记"$n$,写为

$$n \equiv [a_1 a_2 \cdots a_9] \qquad (2.13.1)$$

例如 2.10 节中,有两个 5 行 9 列的矩阵,左上角数字 $a_{11} = n$,第 4 行就是对应的状态向量,第 2 行就是 $a_{11} = n$ 的二进制记法,此例里 n 分别取 180 和 227.

180(十进制) $= 2^2 + 2^4 + 2^5 + 2^7 \equiv (001011010)$(二进制)

227(十进制) $= 2^0 + 2^1 + 2^5 + 2^6 + 2^7 \equiv (110001110)$(二进制)

按照上面的新记数法,可以写

$$180 \equiv [011101110] \qquad (2.13.2)$$

$$227 \equiv [010010010] \qquad (2.13.3)$$

从上面式子的左边 $n = 180$ 或 227,求出式子右边的"表示法"(新记数),就是从已知矩阵的左上角 a_{11},构造出该矩阵第 4 行的操作;而从上面式子的右边,"求"左边的数字 n 的问题,可用 2.5 节的定理 2.

我们是通过九连环的研究,得到式(2.13.1)～式(2.13.3)的.

式(2.13.1)正是 Gray Code. Gray 是一家电器公司的工程师,大

概他想发明设计更为经济实用的新设备,只用 0 和 1 两个符号,加上数字位置的区别,可记任何自然数 n,要求 n 逐步增加或减小时,相继的记数法中,只有一个数位上的 0 和 1 互变,其他数位上不发生变化.二进制记数法不满足 Gray 的要求,例如从 7 到 8 或从 39 到 40,二进制记数法的许多数位上要发生变化,而用九连环(一般 k 连环)记数法就是 Gray Code. 只有一盏灯的明暗发生变化,当然是最节电的.

Gray 由电子器件的背景,提出与式(2.13.1)相同的编码和解码规则,正好与九连环的步数与状态向量之间的互相推算规则相符,真是巧遇啊!天涯何处不相逢!

可以设想:各条自动化生产线不断把零件传送,须用光电管计数,如用二进制法,7 到 8,或 39 到 40 等情况,二进制"电子元件组"有时许多位数要同时改变状态,而 Gray Code 计数法(当零件一个一个通过时),每次只改变一只电子元件的状态.

三　称球问题

科学的真理不应该在古代圣人的蒙着灰尘的书上去找,而应该在实验中和以实验为基础的理论中去找.真正的哲学是写在那本经常在我们眼前打开着的最伟大的书里面的,这本书就是宇宙,就是自然界本身,人们必须去读它.

—— 伽利略(G. Galileo)

3.1　引　言

现在我们向大家推荐一个古老而有趣的称球问题,看看它能引申出多少结果,多少方法.

这个问题曾经以各种面貌出现在许多书刊里,几十年前,《数学通报》和《数学通讯》上都讨论过称球问题,但是一般所介绍的方法基本上都属于同一类,我们想介绍几个不平凡的方法,供大家欣赏.

起先,我们并没有预料到探索的结果,只不过是使用了数学的思维,对原始的称球问题进行严格的数学考查,并逐步采用和改进数学符号,又从这些符号中,发现更深刻的性质.在这个过程中,我们体会到,如果选用适当的符号,会使探索有较明确的方向,也就容易获得成功.近代物理中研究基本粒子和光与电磁波的时候,有许多深刻的性质也是先从数学公式中看出来的.我们渐渐地把不同的称球问题统一和推广,最后竟到达始料未及的境地,希望读者在这一块园地里能领略一番数学奇景.

3.2　古典称球问题

本节中,我们介绍古典称球问题和它的一个解法,并且提出其反问题.

问题　　怎样用一台天平秤(无砝码)称出 12

个(或 13 个)球中唯一的但轻重未知的次品球(以

下称坏球),但是天平使用的次数要尽量少(有的

书刊里已指定:最多只准称 3 次).

不少书刊以竞相登载一些具体称球步骤而结束.《数学通报》《数学通讯》和《数学万花镜》上,都对这个问题做过一般研究,但是都到达差不多相同的地步就停止了.我们从数学的观点进一步去发掘和勘探,只不过稍稍再往下挖一挖,就找到不少的"宝藏"!

首先,采用符号 $P_1 = \{N = 12, B = 1\}$ 代表古典称球问题;同理,$P_2 = \{N = 13, B = 1\}$ 则表示要用天平以最少的称球次数从 13 个球中称出 1 个或轻或重的坏球的问题.应该认清,求解的对象是最少称球次数 n 与各次称球"方法"("方案"或"策略").

以后也用类似 P_1、P_2 的符号,把称球问题缩写成符号,显然,每次称球必须取偶数个球分放在天平的左、右盘里,这是天平称球问题最根本的限制条件.第一次称球的可能球数为 2、4、6、8、10、12 共六种,好像进入迷宫里碰到第一个岔道口时有六条第一级支路.我们可以耐心地一一试走,当你严格证明某条支路是死路后,应退回去另选一条支路试走.这是万无一失的方法,数学上叫作枚举法.使用这个方法可以取得直接经验,激发灵感和联想,进而寻求问题的内在规律.但是,有许多时候枚举的情况太多,几乎无法一一去考虑.不过当你心里有了枚举法的具体模型后,考虑问题就可以防止遗漏和疏忽,使你的思考和推理精确和严密.许多游客在迷宫里困惑不已的主要原因是没有认出自己在打圈圈,也不知道怎样正确跳出圈子,或者有的岔道没有去试走(遗漏情况).还有一个办法也是在科学研究中常用的,就是先考虑较简单的问题.如果嫌 P_1、P_2 里球的数目太多,而不便研究,不妨把球的数目减少一些,把问题 P_1、P_2 变得简单一些;或者,考虑反问题:如果规定天平可以使用 n 次,问能够从多少个球里找出其中唯一的那个坏球(由 n 求 N 和各次称球方案).显然,在没有其他附加条件时,必须 $N \geqslant 3$,$n \geqslant 2$,称球问题才有意义.

通过不多的枚举试验,可以明白,反问题 $\{n = 2, B = 1\}$ 的解是 $N = 3$ 和 $N = 4$.称球方法就不详细写出了.我们用以下符号来记:

(1) $\{n=2, B=1\} \Rightarrow N=3,4$(称法略去),或

(2) $\{n=2, B=1, N=3,4\}$ 可解.

(3) $\{n=2, B=1, N \geqslant 5\}$ 不可解. 含意指的是不能保证找出坏球,而不是绝对找不出坏球.

在(2) 中还可细分为:

(4) $\{n=2, B=1, N=3\}$ 可解,并且还可判定坏球是重球还是轻球,称为对坏球"可定性".

(5) $\{n=2, B=1, N=4\}$ 可解,但不可定性,指的是虽然总能找出坏球,但并不是总能对坏球定性(绝不是一定不能对坏球定性).

把(2) 细分为(4) 和(5) 是很重要的一步,请读者不要小看它.

把 $\{n=2, B=1\}$ 进行了细致的研究,得到(1) ~ (5) 的结论,为解开 P_1 和 P_2 做了奠基性的准备. 至少, P_1 与 P_2 最少称球次数 $n \geqslant 3$. 为了证明 $n=3$,上面得到的(1) ~ (5) 仍是不够的,我们在解决 P_2 时再回过来说明.

为解决 $P_2 = \{N=13, B=1, n=3\}$,第一次称球时必须取 8 个球分放在天平的两个盘里,暂留 5 个球不上秤. 第一次称球的结果可分为两种情况. 第一种情况是天平显示平衡(记为 $\delta_1 = 0$),这时已判明秤上的 8 个球全是正品好球,而坏球一定在 5 个还未上秤的球里,还可以称 2 次. 现在的问题与前面(1) ~ (5) 中的任一个都不同. 本来按照(3),问题 $\{n=2, B=1, N \geqslant 5\}$ 是不可解的. 但是,现在的已知条件里增加 8 个好球,记为 $G=8$,所以用符号写出来便是 $\{n=2, B=1, G=8, N=5\}$,这是可解的. 因为解法不难,所以我们留给读者自己去补出来. 注意,其实只需有一个附加的好球,问题就可解,我们记成:

(6) $\{n=2, B=1, N=5, G=1\}$ 是可解的,但不可定性,并且增加 G 仍不能加强结论.

第二种情况是天平显示不平衡. 因为左右是由人指定的,所以我们总可假设天平第一次出现不平衡时,总是右盘重,记为 $\delta_1 = 1$,并设想左盘四个球编号为 ①$^-$、②$^-$、③$^-$、④$^-$,其中可能有轻球;右盘四个球 ⑤$^+$、⑥$^+$、⑦$^+$、⑧$^+$ 中可能有重球;而另外 5 个尚未上秤的都是好球,还可以称 2 次球;这时,问题变到 $\{n=2, B=1, N=P+Q=8, P=4, Q=4, G=5\}$. 这些符号的意思是明显的: $n=2$ 表示可使用

2 次天平, $B=1$ 表示有且只有一个坏球, $N=8$ 说明待检球共 8 个, 而且已分为两组: 轻组 P 中有 $P=4^-$ 个待检球, 如其中有坏球则必是轻的坏球; 重组 Q 中有 $Q=4^+$ 个待检球, 如其中有坏球则必是重的坏球. 另外有 $G=5$ 个好球, 可以用来助称. 在第二种情况下, 第二次称球的方法繁多, 不胜枚举. 经过一番摸索, 我们感兴趣的是不必使用好球助称, 即可解决 $\{n=2, N=P+Q=8, P=4, Q=4, B=1\}$ 的那些称球问题. 例如图 3-1 所示的称法, 有三种可能结果, 分别讨论如下:

（Ⅰ） $\delta_2=0$. 说明秤上都是好球, 坏球必是轻球, 第 3 次比较 ③⁻、④⁻ 即可.

（Ⅱ） $\delta_2=1$. 说明 ①⁻、⑦⁺、⑧⁺ 里有坏球, 而 ②⁻、③⁻、④⁻、⑤⁺、⑥⁺ 都是好球, 第 3 次比较 ⑦⁺、⑧⁺ 即可.

（Ⅲ） $\delta_2=-1$. 同（Ⅱ）类似讨论即可.

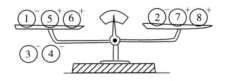

图 3-1

至此, $P_2=\{N=13, B=1, n=3\}$ 已解决; 同样, $P_1=\{N=12, B=1, n=3\}$ 也可类似解决.

也许, 许多人到此就停步了. 其实, 应该提出许多问题: 为什么第一次称球时必须称 8 个球? 为什么 $N=12$ 或 $N=13$, 如果 $N=14$, 怎么办? $n=3$ 行不行? 为什么设计这个问题的人规定 $N=12$ 或 $N=13$? P_2 已不能再有改进, 而 P_1 的假设条件是可以削弱的: 问题 $\{N=12, B\leqslant 1, n=3\}$ 是可解的, 并可定性的. 我们把 $\{N=12, B\leqslant 1\}$ 编成如下故事:

　　"有一位聪明的、爱好智力游戏的药剂师, 把药丸 A 装进一只小瓶. 由于一时分神, 她怀疑自己误将一粒药丸 B 放了进去, 而药丸 A、B 外形相同, 只有质量不同. 她检验一番, 发现瓶里共有 $N=12$ 粒药丸. 现在她给自己提出这样的问题, 如何用天平, 以最少的次数检验出其中是否混入一粒药丸 B. 如

果已经混入，当然要求找出这粒药丸 B；如果可能，

最好还能判别两种药丸的轻重."

结论是$\{N=12,B\leqslant 1,n=3\}$可解，并可定性（当然，没有坏球时，也就没有定性问题）.称球法基本上与P_2相同.

当然，还有许多应该想到的问题，留给读者自己去发现.并希望读者不要急于往下读本书，而自己试试往下应如何提问和探索.

在本节的最后，我们顺便说一说易犯的错误：

"当第1次称8个球后，天平不平衡时，作如下推理，分两种可能性考虑：

（a）假设坏球是重球（在⑤⁺、⑥⁺、⑦⁺、⑧⁺中），再称2次，找出重坏球；

（b）假设坏球是轻球，类似可找出轻球."

这就犯了严重的逻辑错误.坏球的轻重性是需由天平称球来判定的.这是称球问题中的一个小小的逻辑陷阱.

3.3 换个角度考虑

在我们着手考虑称球问题P_1,P_2时，我们对于另一类型（已知坏球的轻重性时）的称球问题是已经熟知的.这些知识在我们考虑P_1和P_2时起了很大的作用.

从数学角度看，无非要做两件事：已知条件应尽可能地减少或削弱，而结论则要尽可能地增多或加强.其中符号系统的好坏会对研究工作起很大的作用，再加上数学家总是力求把特殊问题做一般化推广，我们从P_1和P_2出发，竟越走越远.人们常认为数学家是怪人，生来就有数学头脑.其实，很多时候，在很多方面，数学家是很笨的.数学家考虑问题常常从最简单的情况开始，然后渐渐把一些简单情况装配组合起来.前面虽然解决了P_1和P_2，顺带还解决了一些小问题，但是为了对问题有深刻的直观理解，还需做很多努力.现在我们陪大家从另外一个角度去观察称球问题.即从反问题着手，先考虑$n=2$，上一节里已得到(1)～(6)，但仍不够完备，现在我们列出结论如下：

$(1')\{n=2,B\leqslant 1,N=3\}$可判定$B$，当$B=1$时还可对坏球定性.

$(2')\{n=2,B\leqslant 1,N\geqslant 4\}$ 不可解.

$(3')\{n=2,B=1,N=4\}$ 可解,不可定性.

$(4')\{n=2,B\leqslant 1,G=1,N=4\}$ 可解,可定性$(B=1$时$)$.

$(5')\{n=2,B=1,N\geqslant 5\}$ 不可解.

$(6')\{n=2,B=1,G=1,N=5\}$ 可解,不可定性.

$(7')\{n=2,B\leqslant 1,G$ 任意$,N\geqslant 5\}$ 不可解.

$(8')\{n=2,B=1,G$ 任意$,N\geqslant 6\}$ 不可解.

由以上的$(1')\sim(8')$以及 P_1 与 P_2 的解法,我们考虑由 $n=3$ 求 N 的问题,可得到类似的一串结论:

$(1'')\{n=3,B\leqslant 1,N=3,4,\cdots,12\}$ 可解,可定性(当判定出 $B=1$ 时).

$(2'')\{n=3,B\leqslant 1,N\geqslant 13\}$ 不可解.

$(3'')\{n=3,B=1,N=13\}$ 可解,不可定性.

$(4'')\{n=3,B\leqslant 1,G=1,N=13\}$ 可解,可定性(当判定出 $B=1$ 时).

$(5'')\{n=3,B=1,N\geqslant 14\}$ 不可解.

$(6'')\{n=3,B=1,G=1,N=14\}$ 可解,不可定性.

$(7'')\{n=3,B\leqslant 1,G$ 任意$,N\geqslant 14\}$ 不可解.

$(8'')\{n=3,B=1,G$ 任意$,N\geqslant 15\}$ 不可解.

啊,这里面竟有这么多的花样,怎么会想出它们的?在前面已交代过,我们只不过用了数学方法认真考查了称球问题而已.我们深信,一个真正的数学家,如有机会认真去研究,不管他用什么方法、什么符号系统,走什么道路,最后都会得到类似的结论.我们的心理感受是这些结论是客观存在的.我们只是做了探索与发现而已.而在探索过程中,为了克服或绕过困难,不同的数学家可能会采用(发明)不同的方法,在表述这些结论时,也可能采用不同的形式.

现在我们已经取得很多成果,对上面列出的结果逐条证明会不胜其烦.不过,数学家仍然对此没有满足.我们会问,更一般的规律是怎样的?

注意,在 $n=2$ 的情况中,$N=3,4,5,6$ 是一些关键数目.而在 $n=3$ 时,$N=12,13,14,15$ 是一些关键数目.那么,在天平可称 n 次时,N

的关键数目如何计算呢?经过很长的探索过程,我们终于推广到较一般的形式,列出如下:

$(1°)\left\{n, B \leqslant 1, N = 3, 4, \cdots, \dfrac{3^n - 3}{2}\right\}$ 可解,可定性.

$(2°)\left\{n, B \leqslant 1, N \geqslant \dfrac{3^n - 1}{2}\right\}$ 不可解.

$(3°)\left\{n, B = 1, N = \dfrac{3^n - 1}{2}\right\}$ 可解,不可定性.

$(4°)\left\{n, B \leqslant 1, G = 1, N = \dfrac{3^n - 1}{2}\right\}$ 可解,可定性(当判定出 $B = 1$ 时).

$(5°)\left\{n, B = 1, N \geqslant \dfrac{3^n + 1}{2}\right\}$ 不可解.

$(6°)\left\{n, B = 1, G = 1, N = \dfrac{3^n + 1}{2}\right\}$ 可解,不可定性.

$(7°)\left\{n, B \leqslant 1, G \text{ 任意}, N \geqslant \dfrac{3^n + 1}{2}\right\}$ 不可解.

$(8°)\left\{n, B = 1, G \text{ 任意}, N \geqslant \dfrac{3^n + 3}{2}\right\}$ 不可解.

简直不可思议,这些结果怎么得来的?这是一个一言难尽的问题.其实,我们并不是一次性地得到全部结果的. $n = 2$ 有 8 种情况 $(1')\sim(8')$ 是可以用枚举法研究的.然后我们进而研究 P_1 和 P_2,得到 $(1'')(3'')(5'')$.特别是 $(5'')$,它可以回答 $P_2 = \{N = 13, B = 1\}$ 中的 $N = 13$ 是个恰到好处的数目.为了研究 $n = 4$ 的情况,迫使我们解决问题 $(6'')$.$\{N = 40, B = 1\}$ 的第一次称球必须放 26 个球到天平上去,当称的结果是平衡时,问题便递降为 $(6'')$.然后,又仿照 $n = 2$ 和 $n = 3$ 的情况,逐渐把一般情况补足为 $(1°)\sim(8°)$.

到这里是不是称球问题完全彻底解决和推广了?不,还差得远哩!

3.4 另一类称球问题

现在我们暂时把上面那种称球问题搁置一边,而考虑如下称球问题:

怎样用一台无砝码的天平,以最少的称球次数,从 $N = Q$ 个球里找出 $B = 1$ 个重球来.设 $N = Q$ 个球中有且只有一个重球(如果坏球已肯定是轻球,情况是类似的).

这也是一道古典称球问题,常见的题目中给出 $N = Q = 3^k$;仿照以前的记法,我们记之为 $\{N = P + Q = Q = 3^k, B = 1, P = 0\}$.解这个问题最少的称球次数为 $n = k$.而且第一次称球时,必须在左、右盘中各放 3^{k-1} 个球 …… 以下各次称法甚为容易.

对于数学符号望之生畏的读者不要担心,建议你不必去钻研一般情况,只要选定一个具体数目代进一般符号,看看究竟是怎么回事.例如,上面的 k,可用 $k = 1, k = 2, k = 3$ 代入试试,这样可慢慢解除害怕心理.如果这种办法能使你渐渐习惯一般的数学符号,那就证明你的数学素养已经得到了提高.

另外一种思考的办法是改变某些数学符号,例如 $k = 2$ 时,$\{N = P + Q = Q = 3^k = 3^2 = 9, B = 1, P = 0\}$,为什么必须取 $N = Q = 3^k$,这里尚没有很充足的理由来说明.在 P_1 和 P_2 中,我们碰到 $\{N = P + Q = 8, P = 4, Q = 4, B = 1, n = 2\}$ 的问题;在研究 $n = 4$ 的问题时,我们要证明 $\{n = 4, B = 1, N = 40\}$ 是可解的,但不可定性.考虑到前面的 $(6'')$ 和 $(8'')$,第一次称球时必须在天平左、右盘里各放 13 个球,使留下来尚未上秤的球的数目 $\leqslant 14$,但是放上秤的球也不能太多.为此,我们就必须弄清楚最多能放多少个球到秤上去的问题.

下述几条定理在称球问题中起了很重要的作用:

(1) $\{3 \leqslant N = P + Q \leqslant 3^k - 1, B \leqslant 1, n = k\}$ 可解且可定性(当判定出 $B = 1$ 时).

(2) $\{N = P + Q = 3^k, B \leqslant 1, G \text{ 任意}, n = k\}$ 不可解.

(3) $\{N = P + Q = 3^k, B = 1, n = k\}$ 可解且可定性.

(4) $\{N = P + Q \geqslant 1 + 3^k, B = 1, G \text{ 任意}, n = k\}$ 不可解.

上述这些定理均可用归纳法证明.

3.5 直观解释

每使用一次天平以后,可出现 3 种状态:平衡(记为 $\delta = 0$),右盘重(记为 $\delta = 1$),右盘轻(记为 $\delta = -1$).所以使用 n 次天平最多能提供 3^n 个可辨认的"信息",每一个信息可以用向量形式表示为 $\alpha = (\delta_n, \cdots, \delta_2, \delta_1)$,其中 δ_h 表示第 h 次称球时天平所显示的状态($h = 1$,

$2,\cdots,n)$. 因此,在可用 n 次天平的条件下,最多只能在 $N = Q = 3^n$ 个球中找出一个重坏球,而待检球的数目不能再多. 我们就比较容易直观上理解其道理.

再看 $\{N = 13, B = 1\} \Rightarrow n = 3$,$\{N = 14, B = 1, n = 3\}$ 不可解,$\{n = 3, B = 1\} \Rightarrow N = 3, 4, \cdots, 13$,这是什么道理呢?

原来,我们曾经牵强附会地做过不少直观解释:例如,因为天平的左、右盘是人为指定的,$(\delta_3, \delta_2, \delta_1)$ 与 $(-\delta_3, -\delta_2, -\delta_1)$ 这两个不同的状态,可以称它们为"共轭的"①. 既然三次称球($n = 3$)最大分辨能力是 $3^3 = 27$,于是 27 个状态在共轭意义下,分为 14 个共轭类,应该可从 $N = 14$ 个球中找出唯一的那只坏球了. 那又怎样解释实际上 $(5'')\{n = 3, B = 1, N \geqslant 14\}$ 不可解呢?

从这里开始有两条思路. 一条是偏重从称球的某些实际特点方面去发现一些"有用的理由". 例如,联系到 $(6'')\{n = 3, B = 1, G = 1, N = 14\}$ 可解,但不可定性,可以发现:天平称球问题中有一个根本性的"限制条件",也就是最基本、最简单的条件 —— 每次称球时,左、右盘里必须放置相同数目的球. 每次必须称偶数个球,这个事实是如此明显,以至于反而常常被轻视.

另一条思路是偏重从分辨能力来分析. 首先我们考虑坏球的可能性. 一共有 13 个球,未称之前,每个球都可能是坏球,每一个球也可能是好球. 因此,总的可能性有 26 个. 其次,既然我们最终要决定哪个球是坏球,那也就是经过检验后坏球的状态必须是唯一的,因此整个检验过程要求分辨 26 个状态. 再看看我们的天平每一次的分辨能力有多大. 天平每称一次的可能结果有三个:左边重,右边重,水平. 因此天平每称一次的分辨能力为 3. 称 3 次的分辨能力为 $3 \times 3 \times 3 = 27$. 因为 $27 > 26$. 这样,我们就有可能用天平称三次($n = 3$)解决问题 $\{N = 13, B = 1\}$ 了.

类似地,可体会为什么 $(3°)\{n, B = 1, N = \dfrac{3^n - 1}{2}\}$ 是可解的.

通过如此这般的直观解释,使我们对 $(1°) \sim (8°)$,以及刚才叙述的一串问题的理解深刻得多了. 现在,我们对于 $(6'')\{n = 3, B = 1,$

---

① (000) 是一类,其他的 $(\delta_3, \delta_2, \delta_1)$ 与 $(-\delta_3, -\delta_2, -\delta_1)$ 共轭;而 $\delta_1, \delta_2, \delta_3$ 不全为 0.

$G=1,N=14\}$ 的可解性有了直观的体会；$G=1$ 个好球的辅助作用是使天平左、右盘里球数相同，好球的数目再多并不能起本质的作用.$(8'')\{n=3,B=1,G$ 任意，$N\geqslant15\}$ 不可解的直观解释是：$N\geqslant15$ 时，需至少分辨 29 个状态，而 $29>3^3=27$，因而是不可能的.

实际上，想出 $(6'')\{n=3,B=1,G=1,N=14\}$ 的可解性，还有另外一些理由.第一个理由是为了研究 $n=4$ 时，最多可从多少个球里找出一个坏球；第二个理由是根据似然推理法：$N=13$ "对应" $2\times13=26$ 个状态，但 $3^3=27>26$，这是不等式，中间还有差异，能不能发挥点余力？第三，根据 $\{n=2,B=1,3\leqslant N=P+Q\leqslant3^2=9\}$ 是可解的，尤其是 $\{N=P+Q=9,B=1,n=2\}$ 可解，而在 P_1,P_2 的求解过程中，因为左、右盘里球数必须相同，只能在第一次称球时把 8 个球放上秤.但如果有附加 $G=1$ 个好球作辅助，则上天平的待检球数可以是奇数了，也就是说，第 1 次可检测 9 个球.

我们最后再给出一个有力的证明，说明问题 $\{n=3,B=1\}$ 只能推出 $N\leqslant13$，作为本节的结束.我们从各个侧面去观察、认识称球问题的本质，只要从某一侧面看清它的一些本质，那也会有助于另一些侧面的观察.如果前面那些说明仍使读者困惑，我们就寄希望于这个说明.

对于 $\{n=3,B=1\}$，各次称球结果依次记为 $\delta_1,\delta_2,\delta_3$，写成向量是 $(\delta_3,\delta_2,\delta_1)$，$\delta_i\in\{0,-1,1\}$；由于天平的左、右盘是人为指定的，所以总可假定天平第一次显示不平衡时是右盘重.于是，可写出 $(\delta_3,\delta_2,\delta_1)$ 的所有可能状态如下（表 3-1）：

表 3-1

δ_3	δ_2	δ_1	δ_3	δ_2	δ_1
0	0	0	0	$\bar{1}$	1
0	1	0	$\bar{1}$	$\bar{1}$	1
$\bar{1}$	1	0	1	$\bar{1}$	1
1	1	0	0	1	1
0	0	1	$\bar{1}$	1	1
$\bar{1}$	0	1	1	1	1
1	0	1			

要列出表 3-1 是不困难的，只要有一点点耐心，用枚举法便可完成（表中记 -1 为 $\bar{1}$）.

诗人的想象力是非常丰富的,科学家既要有严肃认真的研究态度,也需要有点科学浪漫精神,对所研究的对象常需认真细致地观察,前后左右进行联想,甚至进行奇想和猜测.科学家要有能力从狭小的圈子里跳出来,自己解放自己的思想.有的时候,这种过程需经历很长的时期.在科学发展史中,数学家摆脱欧几里得几何的束缚,物理学家冲破牛顿的时空观都是一些极好的例证.

3.6 别有洞天

在 3.3 节里,我们已得到 $(1°) \sim (8°)$;3.4 节里又很自然地考虑另一类(已肯定坏球的性质)称球问题;在 3.5 节里又给予一定的直观解释;最后再加上天平最大分辨能力的解释.这一切渐渐引导我们联想到一个更一般的猜测:

问题 $\{N = P+Q+R \geqslant 3, B=1, M=P+Q+2R \leqslant 3^n, n\}$ 大概是可解的.它的具体意思为:N 个待测球已区分为三组(想象在球上着色或编码).在 P 组(轻组)中有 P 个待测球,其中至多有一个轻球;在 Q 组(重组)中有 Q 个待测球,其中至多有一个重球;在 R 组中有 R 个待测球,其中至多有一个坏球(在 $N = P+Q+R$ 个球中有且只有一个坏球,用 $B=1$ 表示),如果 $M = P+Q+2R \leqslant 3^n$,则用 n 次天平必可从 N 个球中找出那只坏球.

我们考虑称球问题时曾用过好几套符号,为了防止混乱,本章基本统一在一套符号系统里.我们的原则是尽可能让符号慢慢引入,使它们容易被记住,使得读者能根据上下文渐渐习惯起来.一套好的符号首先应该运用方便,还要能暗示(启示、蕴含、反映)事物的内蕴性质.那么,本章所介绍的符号是否完善?这个问题我们不敢回答,希望大家创造更好的记法.但若我们使用符号 $\{N = P+Q+R, B=1, M = P+Q+2R \leqslant 3^n, n\}$,则前面所考虑的所有问题均可作为其特例.例如,$P_1 = \{N=12, B=1\}$,按现在的符号写,就是 $\{N = P+Q+R = R = 12, B=1, P=0, Q=0\}$,$M = P+Q+2R = 24 < 3^3 = 3^n$,所以称球 $n=3$ 次便可解决;$P_2 = \{N=P+Q+R=R=13, B=1, P=0, Q=0, M=P+Q+2R=26 < 3^3 = 3^n\}$,所以称球 $n=3$ 次便可解决;$\{N=P+Q+R=P+Q=Q=27=3^3, B=1,$

$P=0,R=0\}$，称球 $n=3$ 次便可从 $N=Q=27$ 个球中找出一个重球；$\{N=P+Q+R=P+Q=8,B=1,P=4,Q=4,R=0\}$ 就是问题 P_1 或 P_2 第一次称球后出现的一种状态.

但是 $\{N=P+Q+R,B=1\}$ 可以有更一般的形式，例如，$\{N=P+Q+R=6<3^2=9,P+Q=4,R=2,B=1\}$，称球 $n=2$ 次，便可从 $N=6$ 个球中找出坏球；而其中 $P+Q=4$ 又有许多种搭配法.

下面，我们把初步结果列出如下（用反问题的形式）. 记 $N=P+Q+R,M=P+Q+2R,n=2$：分别讨论 $N=3,4,\cdots,9$ 的情况，读者还须注意 $N=3$ 的情况：

$(1^*)\{n=2,N=P+Q+R=3,B\leqslant 1\}$ 可解，可定性（当判定 $B=1$ 时，可对坏球定性）.

$N=4$ 的情况：

$(2^*)\{n=2,N=R=4,P=Q=0,B=1\}$ 可解，不可定性（注：$M=8$）；

$(3^*)\{n=2,N=R=4,P=Q=0,B\leqslant 1\}$ 不可解（注：$M=8$）；

$(4^*)\{n=2,N=R=4,P=Q=0,B\leqslant 1,G=1\}$ 可解，可定性（注：$M=8,G=1$）；称法如图 3-2 所示.

图 3-2

左盘：一个好球，一个待测球；

右盘：两个待测球；

还剩 $R_1=R=1$ 个待测球暂不上秤，记 $R_1=R$（注意，原来的 $R=4$，第一次上秤后新的 $R_1=1$，仍记为 R）. 天平有三种可能：

（Ⅰ）若 $\delta_1=0$，判明秤上都是好球（$G=3$），尚未上秤的 $R=1$ 个为可疑待测球. 用一个好球辅助，再称一次便可判定 B. 当 $B=1$ 时，坏球的性质可定.

（Ⅱ）若 $\delta_1=1$，判明左边 $P_1=P=1$ 为可疑轻球，右边 $Q_1=Q=2$ 个球里可能有一个重球，而 $B=1$；再称一次便可找出坏球，并且可定性.

（Ⅲ）若 $\delta_1=-1$，可类似处理.

$(5^*)\{n=2,N=P+Q+R=4,P+Q=1,R=3,B=1\}$ 可解，且可定性（注：$M=7$）。可设 $P=0,Q=1$，左、右盘各放一个球。

剩 $Q=1,R=1$ 暂不上秤（图 3-3）。

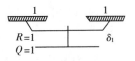

图 3-3

（Ⅰ）若 $\delta_1=0$，判明秤上均是好球（$G=2$），剩下 $Q=1,R=1$ 中有坏球；第二次称时用一好球与 $R=1$ 比较，便可找出坏球，并可定性。

（Ⅱ）若 $\delta_1=1$，判明未上秤的是好球（$G=2$），$B=1,P=Q=1$，用一好球辅助即可在第二次称后找出坏球并且定性。

（Ⅲ）若 $\delta_1=-1$，与（Ⅱ）是对称的。

注意：(5^*) 比 (2^*) 的已知条件加强，于是结论也更强。

$(6^*)\{n=2,N=P+Q+R=4,P+Q=1,R=3,B\leqslant1\}$ 不可解。

$(7^*)\{n=2,N=P+Q+R=4,P+Q=1,R=3,B\leqslant1,G=1\}$ 可解，可定性[注意：(7^*) 的条件强于 (4^*)，$N=4$ 个球里有一个"半定性"的球，所以完全可用 (4^*) 的方法]。

$(8^*)\{n=2,N=P+Q+R=4,P+Q=2,R=2,B\leqslant1\}$ 可解，可定性（注：$M=6$）；(P,Q) 的情况有 $(0,2)$，$(1,1)$，$(2,0)$；而 $(0,2)$ 与 $(2,0)$ 是对称的，故只需分别讨论情况 $(0,2)$，$(1,1)$。

$(P,Q)=(0,2)$ 时，称球法如下：左、右盘里各放 $R=1,Q=1^+$，全部球恰好都放上秤[图 3-4（a）]。

（Ⅰ）若 $\delta_1=0$，判明全是好球，$B=0$。

（Ⅱ）若 $\delta_1=1$，判明 $B=1$，左边可能有一轻球，右边可能有重球，再称一次即可找出坏球并确定性质。

（Ⅲ）若 $\delta_1=-1$，与（Ⅱ）类似。

$(P,Q)=(1,1)$ 时，左边放 $P=1,Q=1$ 共 2 个球，右边放 $R=2$ 个球[图 3-4（b）]。

（Ⅰ）$\delta_1=0\Rightarrow B=0$（全是好球）。

（Ⅱ）$\delta_1 = 1 \Rightarrow B = 1$，左 $P_1 = P = 1$，右 $Q_1 = Q = 2$，再称一次，可找出坏球并可定性.

（Ⅲ）$\delta_1 = -1 \Rightarrow B = 1$，左 $Q_1 = Q = 1$，右 $P_1 = P = 2$，再称一次即可.

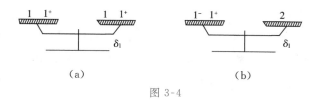

（a）　　　　　　　　　　（b）

图 3-4

注意：

（8*）的已知条件强于（2*），结论也强于（2*）.

（9*）$\{n = 2, N = P + Q + R = 4, P + Q = 3, R = 1, B \leqslant 1\}$ 可解且可定性.

因（9*）的已知条件强于（8*），所以可用（8*）的称法解决（9*），即（8*）$\Rightarrow$（9*）.

（10*）$\{n = 2, N = P + Q + R = 4, P + Q = 4, R = 0, B \leqslant 1\}$ 可解且可定性.

（8*）$\Rightarrow$（10*），即可用（8*）解（10*）.

$N = 5$ 的情况：

（11*）$\{n = 2, N = P + Q + R = 5, P = Q = 0, R = 5, B = 1\}$ 不可解.

（12*）$\{n = 2, N = P + Q + R = 5, P = Q = 0, R = 5, B \leqslant 1, G$ 任意$\}$ 不可解（注：$M = 10$）.

（13*）$\{n = 2, N = P + Q + R = 5, P = Q = 0, R = 5, B = 1, G = 1\}$ 可解，不可定性（注：$M = 10$）. 称法如下：左边放好球 1^0，待测球 1；右边放 2 个待测球；留 $R = 2$ 个待测球暂不上秤（图 3-5）.

（Ⅰ）$\delta_1 = 0 \Rightarrow$ 已知 $G = 4$ 个好球，尚未上秤的 $R = 2$ 个球里有坏球，再称一次可找出坏球，但无法保证能定性；

（Ⅱ）$\delta_1 = 1 \Rightarrow$ 尚未上秤的是好球，左边 $P_1 = P = 1$，右边 $Q_1 = Q = 2$，再称一次可找出坏球并可定性.

（Ⅲ）$\delta_1 = -1$ 的情况可类似讨论.

讨论：在（13*）里 $M = 10$，天平最大分辨能力 $3^2 = 9$ 已被充分利用,一个好球的辅助作用是使左、右球数相同,所以好球个数再多也不起本质作用.(11*)不可解的根本原因是 $G=0$(没有好球)时天平不能称奇数个球,所以天平分辨能力不能充分发挥.在(13*)时附加一个好球($G=1$)的条件,可用附加一个同样性质的坏球(记为 1*)代替,也即下面的(13**).

(13**){$n=2, N=R=5, P=Q=0, B=1, 1^*$} 可解,不可定性.称法如下:左边放一个待测球和一个附加坏球;右边放两个待测球;留两个待测球暂不上秤(图 3-6).

(Ⅰ)$\delta_1=0 \Rightarrow$ 右边有一坏球且已知三个好球,再称一次可找出坏球,但不能保证定性.

(Ⅱ)$\delta_1=1$ 时,判明右边两个是好球,但左边已称球可能是好的,也可能是轻的,附加那个坏球 1* 必是轻球.第二次称球只需比较尚未上秤的那两个球,即可找出那个轻球.

(Ⅲ)$\delta_1=-1$ 时,判明右边两个是好球,坏球必是重的,左边已测的那个球绝不是轻球,再称一次可找出重坏球.

图 3-5　　　　　　　　图 3-6

我们把(13*)和(13**)编成故事:

　　　　一位药剂师已知在一个瓶里的 5 粒药丸中有 4
　　　粒 A 药丸,1 粒 B 药丸,这两种药丸的质量不同.她
　　　知道用两次天平绝不可能保证找出那粒 B 药丸;但
　　　是如果另外还能找到 1 粒 A 药丸,那么用 2 次天平
　　　就可找出那粒 B 药丸.可惜她手头没有另外的 A 药
　　　丸,却还有另一瓶 B 药丸.她取来一粒 B 药丸作辅
　　　助,使用 2 次天平就把混在 5 粒药丸中的 B 药丸找
　　　出来了.

(14*){$n=2, N=P+Q+R=5, P+Q=1, R=4, B=1$} 不可解.

(15*){$n=2, N=P+Q+R=5, P+Q=1, R=4, B=1,$ $G=1$} 可解,且可定性.请注意,(15*)的假设条件强于(13*),(15*)

的结论也强于(13*).

(16*)$\{n=2,N=P+Q+R=5,P+Q=1,R=4,B\leqslant 1,G$ 任意$\}$不可解.

(17*)$\{n=2,N=P+Q+R=5,P+Q=2,R=3,B\leqslant 1\}$可解,可定性.(注:$M=8$)

证明:(P,Q)可能情况为$(0,2),(1,1),(2,0)$,但只需考虑$(0,2)$与$(1,1)$的情况.

$(P,Q)=(0,2)$情况,称法如下[图 3-7(a)]:

在$R=3$个球里任挑 2 个分放左、右盘;$Q=2$个球里绝不会有轻球,把这 2 个球也分放在左、右盘,留出$R=1$个球暂不上秤;

(Ⅰ)$\delta_1=0\Rightarrow$秤上 4 个是好球$(G=4)$,尚未上秤的$R=1$个球可能是好的,也可能是坏的,再称一次即可.

(Ⅱ)$\delta_1=1\Rightarrow B=1$,秤上有坏球,秤下是好球,再称一次即可.

(Ⅲ)$\delta_1=-1$,与(Ⅱ)是对称情况.

$(P,Q)=(1,1)$情况,可如图称[图 3-7(b)].

(a)　　　　　　　　　　(b)

图 3-7

讨论从略.

(18*)$\{n=2,N=P+Q+R=5,P+Q=3,R=2,B\leqslant 1\}$可解,可定性,注意:(18*)是(17*)的特例.

(19*)$\{n=2,N=P+Q+R=5,P+Q=4,R=1,B\leqslant 1\}$可解,可定性.

(20*)$\{n=2,N=P+Q+R=5,P+Q=5,R=0,B\leqslant 1\}$可解,可定性.

$N=6$的情况:

(21*)$\{n=2,N=6,P+Q=1,R=5,B=1,G$ 任意$\}$不可解.$(M=11)$由(21*)可推出$\{n=2,N\geqslant 6,P+Q=0,R\geqslant 6,B=1,G$ 任意$\}$不可解.

(22*)$\{n=2,N=6,P+Q=2,R=4,B\leqslant 1,G$ 任意$\}$不可解.

证明:设第一次称球时,$R = 4$ 个球里上秤的球数为 r.

（Ⅰ）若 $r = 4$,而结果判明坏球在 $R = r = 4$ 个球里,再称一次绝不能保证找出坏球.

（Ⅱ）若 $r = 3$,这时再分两种情形考虑:如果 $P + Q = 2$ 个球里至少有一个在秤上,则当 $\delta_1 \not= 0$ 时便不能保证找出坏球;如果 $P + Q = 2$ 个球里没有球上过秤,则当 $\delta_1 = 0$ 的情形发生时,再称一次的问题 $\{n = 1, P + Q = 2, R = 1, B \leqslant 1, G$ 任意$\}$ 不可解.

（Ⅲ）若 $r \leqslant 2$,而 $\delta_1 = 0$,则$\{n = 1, N = P + Q + R \geqslant 2, R \geqslant 2, B \leqslant 1, G$ 任意$\}$ 不可解.

(23^*) $\{n = 2, N = 6, P + Q = 2, R = 4, B = 1\}$ 可解,不可定性（注意 $M = 10$）.

证明:(P, Q) 有两种本质不同情况$(0, 2)$ 和 $(1, 1)$.

$(P, Q) = (0, 2)$ 的情况,称法[图 3-8(a)]如下:$Q = 2^+$ 个球分放在左、右两边,$R = 4$ 个球里任取两个分放左右两边,留出 $R = 4$ 个球里的 2 个球暂不上秤（未上秤的 2 个球,记为新的 $R = 2$）.

（Ⅰ）$\delta_1 = 0 \Rightarrow$ 秤上 4 个为好球$(G = 4)$,尚未上秤的 $R = 2$ 个球里有一个坏球,再称一次,问题可解但不可定性.

（Ⅱ）$\delta_1 = 1 \Rightarrow$ 左 $P = 1^-$,而 1^+ 必是好球,右边 $Q = 2^+$ 个球中或许有重球,未上秤的 2 个也必是好球$(G = 3$,但没有作用$)$,再称一次即可.

（Ⅲ）$\delta_1 = -1$,类似讨论即可.

$(P, Q) = (1, 1)$ 的情况,称法如图 3-8(b) 所示.

讨论从略.

| $R=2$ | | | δ_1 | | | | $R=2$ | | | δ_1 |

（a）　　　　　　　　　　　　　（b）

图 3-8

注意:问题(23^*) 比(14^*) 多出一个"半定性"的待测球,但是(14^*) 不可解,而(23^*) 倒是可解的,这是很奇怪的事情:待测球的数目减少后,问题却反而变为不可解. 我们最初未曾料及会发生这种奇事,甚至心中认为不可能会有这种情况发生. 对此,我们留给读者思考:为什么会有这种奇事?它的答案已隐含(或显含)在前面.通过这个实例,我们得到的教训是:常识和直觉是多么不可靠,至少绝不能代替严格的证明.

(24*) $\{n=2,N=6,P+Q=3,R=3,B\leqslant 1,G$ 任意$\}$ 不可解.

证明:设第一次称球时,$R=3$ 个球里上秤的球的数目为 r,分别考虑以下情况:

(Ⅰ)$r=3$.若 $P+Q=3$ 个球中至少有一个球也在秤上而 $\delta_1\neq 0$,则得到不可解问题;若 $P+Q=3$ 个球都没放到秤上而 $\delta_1=0$,则又碰到一个不可解问题.

(Ⅱ)$r=2$.而 $P+Q=3$ 个球里上秤球的数目又可为 0、1、2、3,都得到不可解问题.

(Ⅲ)$r\leqslant 1$;而 $\delta_1=0$,又得不可解问题.

(25*) $\{n=2,N=6,P+Q=3,R=3,B=1\}$ 可解,可定性.

证明:只需考虑 (P,Q) 的如下情况:$(0,3)$,$(1,2)$.而 $(2,1)$,$(3,0)$ 可类似处理.

(Ⅰ)$\delta_1=0$,得新问题 $\{P+Q=1,R=1,B=1,G=4,n=1\}$,可解,可定性(图 3-9).

(Ⅱ)$\delta_1=1$,得$\{$左 $P=1$,右 $Q=2,B=1,G=2,n=1\}$ 可解,可定性.

(Ⅲ)$\delta_1=-1$,与上面的情况对称.

(26*) $\{n=2,N=6,P+Q=4,R=2,B\leqslant 1\}$ 可解,可定性.

证明:分别考虑 $(P,Q)=(0,4)$,$(1,3)$,$(2,2)$ 的情况.第一次称法如下:

(Ⅰ)$\delta_1=0\Rightarrow$ 秤上都是好球$(G=4)$,新问题为 $\{n=1,P+Q=2,B\leqslant 1,G=4\}$,这是可解且可定性的(图 3-10).

(Ⅱ)$\delta_1=1\Rightarrow G=3,B=1,P=1,Q=2$,新问题可解且可定性.

(Ⅲ)$\delta_1=-1$ 时,与 $\delta_1=1$ 的情况是对称的.

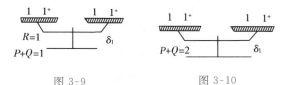

图 3-9　　　　　　　　　　图 3-10

（27*）$\{n=2,N=P+Q+R=6,P+Q=5,R=1,B\leqslant1\}$ 可解，可定性.

（28*）$\{n=2,N=P+Q+R=6,P+Q=6,R=0,B\leqslant1\}$ 可解，可定性.

$N=7$ 的情况：

（29*）$\{n=2,N=P+Q+R=7,P+Q=4,R=3,B=1\}$ 可解，不可定性.

证明：只需考虑 (P,Q) 的如下情况：$(0,4)$，$(1,3)$ 和 $(2,2)$. 第一次称球时在左、右盘里都放 $R=1$ 和 $Q=1$，剩下 $R=1$ 和 $P+Q=2$ 暂不上秤.

（Ⅰ）$\delta_1=0$，得新问题 $\{n=1,P+Q=2,R=1,G=4,B=1\}$，它是可解且不可定性的.

（Ⅱ）$\delta_1=1$，新问题 $\{n=1,左P=1,右Q=2,B=1\}$ 是可解的.

（Ⅲ）$\delta_1=-1$ 可相仿处理.

（30*）$\{n=2,N=P+Q+R=7,P+Q=5,R=2,B\leqslant1,G$ 任意$\}$ 不可解.

证明：我们把证明过程分解为如下几步：

（Ⅰ）如果第一次称球时，在 $R=2$ 个球里没有放到秤盘里的球，当称球后得到结果为 $\delta_1=0$，就得到一个新问题 $\{n=1,N=P+Q+R\geqslant2,R=2,B\leqslant1,G=$ 若干个好球$\}$，它是不可解的，因为 $\{n=1,R=2,B\leqslant1,G$ 任意$\}$ 是不可解的.

（Ⅱ）如果第一次称球时，在 $P+Q=5$ 个球里至少有 3 个球没有上秤盘，当称球结果显示 $\delta_1=0$，就得到新问题 $\{n=1,N=P+Q+R\geqslant3,P+Q\geqslant3,B\leqslant1,G=$ 若干个好球$\}$，它也是不可解的，因为 $\{n=1,P+Q=3,B\leqslant1,G$ 任意$\}$ 已经不可解.

（Ⅲ）由于（Ⅰ）和（Ⅱ），若要解决本题，则第一次称球时至少要在 $R=2$ 个球中选一个球放上秤（记 $R_1\geqslant1$），而且在 $P+Q=5$ 个球中至少要选 3 个球放上秤（记 $P_1+Q_1\geqslant3$）.

（Ⅳ）但是，如果在 $R_1\geqslant1$ 和 $P_1+Q_1\geqslant3$ 中都取等号，本问题也不可解. 因为当称球后得到 $\delta_1=0$，就归到新问题 $\{n=1,P+Q=2,R=1,B\leqslant1,G$ 若干$\}$，不论 P、Q 的分配情况如何，都不可解. 所以，第

一次称球时,只能如下安排:$\{P_1+Q_1=4,R_1=1\}$ 或 $\{P_1+Q_1=5,R_1=1\}$ 或 $\{P_1+Q_1=3,R_1=2\}$;容易说明,以上任一种安排,都不能解决问题 $\{n=2,N=P+Q+R=7,P+Q=5,R=2,B\leqslant1,G$ 任意$\}$.

(31^*) $\{n=2,N=P+Q+R=7,P+Q=5,R=2,B=1\}$ 可解,且可定性.

证明:只需分别对$(P,Q)=(0,5),(1,4),(2,3)$ 的各情况考查;第一次称球方案示意如图 3-11 所示.第一次暂不上秤的球分别有三种情况:$(P,Q)=(0,3),(1,2),(2,1)$.而$(P,Q)=(1,2)$ 与 $(P,Q)=(2,1)$ 两种情况无本质上的差别.按这种称法,便容易得解.

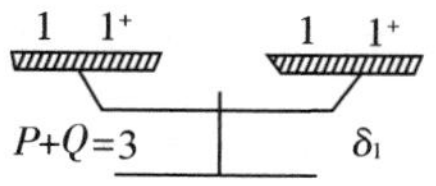

图 3-11

(32^*) $\{n=2,N=P+Q+R=7,P+Q=6,R=1,B=1\}$ 可解,可定性.

证明:可用(31^*),即在 $P+Q=7$ 个球中任取一个(已"半定性")当作全未定性,即可;也即$(31^*)\Rightarrow(32^*)$.

(33^*) $\{n=2,N=P+Q+R=7,P+Q=6,R=1,B\leqslant1,G=1\}$ 可解且可定性.

证明:分别考虑$(P,Q)=(0,6),(1,5),(2,4),(3,3)$;

注意,有时还不必用好球助称.

当$(P,Q)=(0,6)$,$R=1$;这时把 $Q=6^+$ 分放在左、右盘,$R=1$ 暂不上秤,作第一次称;以下讨论极为容易.

当$(P,Q)=(1,5)$ 时,需用 $G=1^0$ 好球辅助;第一次称法示意如图 3-12 所示.[又可记为左$\equiv(1\quad2^+)$,右$\equiv(1^0\quad2^+)$]分别讨论情况即可.

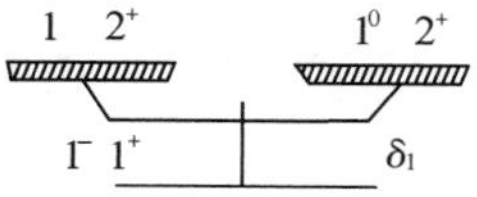

图 3-12

当$(P,Q)=(2,4)$ 时,不需好球辅助,称法示意为:左盘$\equiv$

$(1^- \quad 2^+)$,右盘 $\equiv (1^- \quad 2^+)$,$R=1$ 暂不上秤盘,分别讨论 δ_1 即可.

当 $(P,Q)=(3,3)$ 时,也即 $P=3^-$,$Q=3^+$,需用 $G=1^0$ 好球辅助,称法示意为:左 $\equiv (1 1^- 1^+)$,右 $\equiv (1^- 1^+ 1^0)$,留出 $P=1^-$ 和 $Q=1^+$ 暂不上秤,分别讨论 δ_1 即可得解.

(34^*) $\{n=2, N=P+Q=7, R=0, B\leqslant 1\}$ 可解且可定性.

证明:可参看 (38^*).

$N=8$ 的情况:

(35^*) $\{n=2, N=P+Q+R=8, P+Q=6, R=2, B=1, G=1\}$ 可解但不可定性.

证明:当 (P,Q) 为 $(0,6)$,$(1,5)$,$(2,4)$ 的情形,第一次称球法都可取为:左 $\equiv (1 \quad 2^+)$,右 $\equiv (1^0 \quad 2^+)$;当 $(P,Q)=(3,3)$ 时,第一次称球法可取为:左 $\equiv (1 1^- 1^+)$,右 $\equiv (1^0 1^- 1^+)$;再分别考虑 δ_1 的情况,便容易确定第二次应该怎样称,这样必可找到坏球,但"不可定性"的证明稍稍难一点.

(36^*) $\{n=2, N=P+Q+R=8, P+Q=6, R=2, B\leqslant 1, G$ 任意$\}$ 不可解,可参看 (30^*).

(37^*) $\{n=2, N=8, P+Q=7, R=1, B=1\}$ 可解且可定性.

证明:当 (P,Q) 为 $(0,7)$,$(1,6)$ 时,第一次称法可取:左 $\equiv (3^+)$,右 $\equiv (3^+)$;当 (P,Q) 为 $(2,5)$,$(3,4)$ 时,第一次称法可取:左 $\equiv (1^- \quad 2^+)$,右 $\equiv (1^- \quad 2^+)$;分别讨论 δ_1 的情况,便容易确定第二次称球法.

(38^*) $\{n=2, N=8, P+Q=8, R=0, B\leqslant 1\}$ 可解且可定性.

证明:当 (P,Q) 为 $(0,8)$,$(1,7)$,$(2,6)$ 时,第一次称法可取:左 $\equiv (3^+)$,右 $\equiv (3^+)$;当 (P,Q) 为 $(3,5)$,$(4,4)$ 时,第一次称法可取:左 $\equiv (1^- \quad 2^+)$,右 $\equiv (1^- \quad 2^+)$.往下便容易了.

注意:原始问题 $\{N=R=12$ 或 $13, B=1, n=3\}$ 第一次称球以后,有一种情况便得到新问题 $\{n=2, N=P+Q=8, P=4, Q=4, B=1, G=4$ 或 $G=5\}$,本题中有一种情况 $\{n=2, N=8, P=4, Q=4, B\leqslant 1\}$,已更普遍一些.

$N=9$ 的情况:

(39^*) $\{n=2, N=P+Q+R=9, P+Q=8, R=1, B=1\}$ 可

解但不可定性.试与问题(38^*)比较.

(40^*) $\{n=2,N=P+Q=9,R=0,B=1\}$可解且可定性.证明略.

(41^*) $\{n=2,N=P+Q+R=9,P+Q=9,R=0,B\leqslant1,G$任意$\}$不可解.证明略.

至此,我们已经基本上把$n=2$的情况考查完了.但是不能说完全彻底解决了$n=2$的问题.对上面所列的问题仔细观察比较,仍会发现许多饶有趣味的问题,而可把上面所列的结果再补充很多内容.希望读者自己学会发现问题和解决问题.实际上,我们为大家留下了大量练习题.

3.7　讨　论

本节里我们只给出几个实例,说明还有许多问题值得研究.

(1) 在有些问题里,要用到一个好球辅助,它的根本作用是使天平左、右盘里球数相同.在(13^*)和(13^{**})里说明,附加一个已知好球的条件$(G=1)$有时可用附加一个同样性质的坏球(记为1^*)来代替.现在我们问,是不是$G=1$都可用1^*代替?

(2) 上节里虽然列出四十多个问题,其中有些是不必列进去的.例如

$$(14^*)\Rightarrow(11^*)$$
$$(17^*)\Rightarrow(18^*)\Rightarrow(19^*)$$
$$(18^*)\Rightarrow(9^*)$$
$$(26^*)\Rightarrow(27^*)\Rightarrow(28^*)$$

等等.

(3) 前面我们已注意到(14^*)不可解,(23^*)可解;这是一个很好的例子,说明一个可解问题里的球数减少以后会得到一个不可解的问题.这是什么原因引起的呢?一方面当然可以从天平最大分辨能力的直观解释去体会,另一方面还得记住,这只不过是"最大的"理想情况,实际称球时还得受制约于天平的实物结构,它的最根本的制约条件是每次称球时,在两边必须放相同数目的球.这是十分明显的条件,似乎没有必要强调.其实正是这个原因,问题(23^*)可解而(14^*)不

可解.如果这些解释仍然使您困惑,不妨再仔细琢磨(23^*)的称球方法,试试能不能把它用到(14^*).如果把(14^*),(15^*),(23^*)联系起来考虑,我们就能体会到,(14^*)之不可解性,关键在于天平秤上不能称奇数个球;(15^*)中附加一个好球,(23^*)里可认为在$P+Q$中附加一个"半定性"的球,它们的作用只不过是使天平能达到其最大分辨力.这样,也使我们去猜想问题$(15^{**})\{n=2,N=P+Q+R=5,P+Q=1,R=4,B=1,1^*\}$或许是可解的.结果,$(15^{**})$的确是可解的,但不可定性.

(4)遵循这些思路已足够提出一大串问题.

3.8 $n=3$ 的情形

本节里所使用的符号如前,例如 $N=P+Q+R,M=P+Q+2R$,但为了简化,在不会误解时,有许多符号不再写出.又因本节只讨论 $n=3$ 的情形,所以 $n=3$ 一概省写.以下只列出主要结果.

(1) $\{3\leqslant N=R\leqslant 12,B\leqslant 1\}$ 可解,可定性.

(2) $\{N=R=13,B=1\}$ 可解,不可定性.

(3) $\{N=R=13,B\leqslant 1,G=1\}$ 可解,可定性.

(4) $\{N=R=13,B\leqslant 1\}$ 不可解.

(5) $\{N=R=14,B=1,G=1\}$ 可解,不可定性.

(6) $\{N=R=14,B=1,1^*\}$ 可解,不可定性.

(7) $\{N=14,P+Q=1,R=13,B=1,G=1\}$ 可解,可定性.

(8) $\{N=14,P+Q=1,R=13,B=1,1^*\}$ 可解,不可定性.

(9) $\{N=14,P+Q=2,R=12,B\leqslant 1\}$ 可解,可定性.

(10) $\{N=15,P+Q=2,R=13,B=1\}$ 可解,不可定性.

(11) $\{N=15,P+Q=3,R=12,B=1\}$ 可解,可定性.

(12) $\{N=16,P+Q=4,R=12,B=1\}$ 可解,不可定性.

(13) $\{N=16,P+Q=5,R=11,B=1\}$ 可解,可定性.

(14) $\{N=17,P+Q=6,R=11,B=1\}$ 可解,不可定性.

(15) $\{N=17,P+Q=7,R=10,B=1\}$ 可解,可定性.

(16) $\{N=18,P+Q=8,R=10,B=1\}$ 可解,不可定性.

(17) $\{N=18,P+Q=9,R=9,B=1\}$ 可解,可定性.

(18) $\{N = 19, P + Q = 10, R = 9, B = 1\}$ 可解,不可定性.

(19) $\{N = 19, P + Q = 11, R = 8, B = 1\}$ 可解,可定性.

(20) $\{N = 20, P + Q = 12, R = 8, B = 1\}$ 可解,不可定性.

(21) $\{N = 20, P + Q = 13, R = 7, B = 1\}$ 可解,可定性.

(22) $\{N = 21, P + Q = 14, R = 7, B = 1\}$ 可解,不可定性.

(23) $\{N = 21, P + Q = 15, R = 6, B = 1\}$ 可解,可定性.

(24) $\{N = 22, P + Q = 16, R = 6, B = 1\}$ 可解,不可定性.

(25) $\{N = 22, P + Q = 17, R = 5, B = 1\}$ 可解,可定性.

(26) $\{N = 23, P + Q = 18, R = 5, B = 1\}$ 可解,不可定性.

(27) $\{N = 23, P + Q = 19, R = 4, B = 1\}$ 可解,可定性.

(28) $\{N = 24, P + Q = 20, R = 4, B = 1\}$ 可解,不可定性.

(29) $\{N = 24, P + Q = 21, R = 3, B = 1\}$ 可解,可定性.

(30) $\{N = 25, P + Q = 22, R = 3, B = 1\}$ 可解,不可定性.

(31) $\{N = 25, P + Q = 23, R = 2, B = 1\}$ 可解,可定性.

(32) $\{N = 26, P + Q = 24, R = 2, B = 1\}$ 可解,不可定性.

(33) $\{N = 26, P + Q = 25, R = 1, B = 1\}$ 可解,可定性.

(34) $\{N = 27, P + Q = 26, R = 1, B = 1\}$ 可解,不可定性.

(35) $\{N = 27, P + Q = 27, R = 0, B = 1\}$ 可解,可定性.

读者可以仿照$(1^*) \sim (41^*)$,再补充研究许多问题.进一步,研究 $n = 4, 5, 6, \cdots$ 的问题就没有本质上的困难了.

3.9 新解法

到现在,我们可以说对于原始问题已经取得了辉煌成果.但是对科学家来说,在成功的时候格外要注意防止头脑发热,应该清醒地认识到"科学无止境".本节里,对于旧问题 $P_1 = \{N = R = 12, B \leqslant 1\}$,$P_2 = \{N = R = 13, B = 1\}$ 提供一种新解法.让我们换一个角度重新观察问题,这种新观点引导我们提出新问题,发现新解法.

这种新解法的核心是应用"三进制",给出固定称球程序$(1) \sim (5)$.

(1) 把 $N = 13$ 只球编上号码 $0, 1, 2, \cdots, 12$(如果是 12 只球,则去掉编号 0),并分别写出它们的三进制记法 B_2.例如 $2 = (01\bar{1}) = 0 \cdot$

$3^2 + 1 \cdot 3^1 + \bar{1} \cdot 3^0, 7 = (1\bar{1}1) = 1 \cdot 3^2 + \bar{1} \cdot 3^1 + 1 \cdot 3^0$（记 -1 为 $\bar{1}$）.
这样,可得到一张 13×4 的表（表 3-2）,它有 13 横行和 7 竖列,见表 3-2;其中第 1 竖列 B_1 由 $0, 1, \cdots, 12$ 构成,基本表 B_2 由相应的 13 行 3 列构成.

表 3-2

B_1	基本表 B_2			解表 B_3		
0	0	0	0	0	0	0
1	0	0	1	0	0	1
2	0	1	$\bar{1}$	0	1	$\bar{1}$
* 3	0	1	0	0	$\bar{1}$	0
4	0	1	1	0	1	1
* 5	1	$\bar{1}$	$\bar{1}$	$\bar{1}$	1	1
6	1	$\bar{1}$	0	1	$\bar{1}$	0
7	1	$\bar{1}$	1	1	$\bar{1}$	1
8	1	0	$\bar{1}$	1	0	$\bar{1}$
* 9	1	0	0	$\bar{1}$	0	0
* 10	1	0	1	$\bar{1}$	0	$\bar{1}$
11	1	1	$\bar{1}$	1	1	$\bar{1}$
* 12	1	1	0	$\bar{1}$	$\bar{1}$	0

（2）从基本表 B_2 求得解表 B_3 的方法:

（A）表中对应 3、5、9、10、12 的行用 -1 乘后移入 B_3;（为醒目,用 * 强调,这些行是被"调整"的）

（B）B_2 其他各行,向右移入 B_3 而得到完整的 B_3,称为解表. 注意解表 B_3,它的三个数列的任一列中有相同个数的 1 和 $\bar{1}$,这是最重的条件,用 -1 去乘 B_2 中的行,就是要达到这个要求,称为"调整",可以证明,这总是可能,但不止一种"调整"法.

（3）按照解表 B_3 立即可得一种固定称球程序:

δ_1（第一次称法）,第 7 列中为 1 的那个球放到天平右盘里,第 7 列中为 $\bar{1}$ 的那个球放到天平左盘里,第 7 列中为 0 的那个球不上秤.

δ_2（第二次称法）,取第 6 列,按同上规则;

δ_3（第三次称法）,取第 5 列,同法处理;

也即按图 3-13 的称球法:每一次称球以后,必得 δ_i 的值（$i = 1, 2, 3$）.

（4）计算 h 和 H:

$$h = 3^2 \cdot \delta_3 + 3^1 \cdot \delta_2 + 3^0 \cdot \delta_1$$

$$H = |h|$$

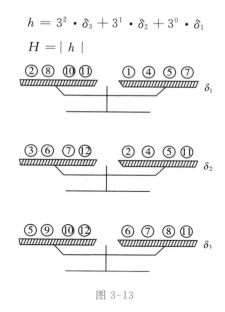

图 3-13

（5）结论

① 当 $H = h = 0$ 时，对于问题 P_1，判定结果为 $B = 0$；对于问题 P_2，判定结果为 0 号球（从未上过秤）是坏球，但不能判定其轻重性质.

② 当 $H \neq 0$ 时，H 号球为重球的充要条件是：$(\delta_3 \delta_2 \delta_1)$ 是 B_3 的某一行. 否则为轻球.

（6）讨论

① 解表 B_3 并不唯一. 读者可从基本表 B_2 中调整 $(8,9,10,12)$，$(7,9,11,12)$，$(3,7,8,10,11)$ 得到另外三种不同的解表 B_3，也就是说，称球的方法不唯一. 这几种称球法的本质特点是各次称球方法互不影响，也就是第二次称球时不必根据 δ_1 的取值，第三次称球时也不必考虑以前各次的称球结果.

② 不论何种固定程序称球法，所得称球结果 $(\delta_3 \delta_2 \delta_1)$ 不可能出现 27 种不同情况. 例如，表 3-2 里 B_3 所对应的称球法，就不可能出现 (111) 和 $(\overline{1}\,\overline{1}\,\overline{1})$ 的结果. 这说明，这种称球法只能辨别 25 个信息，除 0 号球（它绝不上秤）外，其余 12 只球里若有坏球时，皆能明确判定其轻重性（道理极简单，坏球上过秤后，必定能确定其性质）.

③ 若称球问题中 $B \leqslant 1$，则每只球至少应上秤一次；若 $B = 1$，则可以让一只球始终都不上秤，如 $\delta_1 = \delta_2 = \cdots = \delta_n = 0$，即知那只未上过秤的球为坏球，然而不能断定其轻重性质.

在（4）和（5）中，h 和 H 的计算是可省略的. 最主要的是当 $(\delta_3\delta_2\delta_1) \neq (000)$ 时，只要看 $(\delta_3\delta_2\delta_1)$ 是否为 B_3 的一行.

（7）让我们简要总结一下. 在漫长的探索过程里，各种因素都起过作用. 波兰数学家史坦因豪斯（H. Steinhaus）在《数学万花镜》中介绍过天平与三进制，这些启示和线索早已摆在面前，好似侦探故事，可是却要待时机成熟，才可能科学地、合情合理地联系起来，这就是思索、探求. 1967 年，作者偶然听到物理系的一位老师说，大概可使称球问题的各次称球法互相独立. 抓住这个重要的机遇性的"点拨"，经过试探，虽绕了不少弯路，但终于成功了.

其中的关键思路是：既然各次称球要独立，那么哪个称法算是第一次（第几次）就不是本质的. 然而，一般的书刊里的称法不是独立的（称球法常依赖前面各次的称球所得结果）. 第一次称球必须把 8 只球分放左右. 于是，我们决定三次称法中的每一次都称 8 只球，总共要放 12 只球到秤上去，最多只留一只球永不上秤. 当然，还有一些简单的结论，例如不能把某 2 只球始终编组在一起，这样才能分辨它们. 最困难的是球的编号，推出（"得出"，"调整出"）H 和 h 的规则是很不容易的.

（8）现在我们列出 $\{n = 4, N = R = 40, B = 1\}$ 的固定程序称球法（见表 3-3），并做一些扼要说明. 对于一个有一定数学素养的人，了解这些方法后，把固定程序称球法写成一般数学定理就不是一件难事了（在表 3-3 里，第一行省去了）.

表 3-3

B_1	基本表 B_2				解表 B_3			
1	0	0	0	1	0	0	0	1
2	0	0	1	$\bar{1}$	0	0	1	$\bar{1}$
*3	0	0	1	0	0	0	$\bar{1}$	0
4	0	0	1	1	0	0	1	1
*5	0	1	$\bar{1}$	$\bar{1}$	0	$\bar{1}$	1	1
6	0	1	$\bar{1}$	0	0	1	$\bar{1}$	0
*7	0	1	$\bar{1}$	1	0	$\bar{1}$	1	$\bar{1}$
8	0	1	0	$\bar{1}$	0	1	0	$\bar{1}$
9	0	1	0	0	0	1	0	0
10	0	1	0	1	0	1	0	1
*11	0	1	1	$\bar{1}$	0	$\bar{1}$	$\bar{1}$	1

（续表）

B_1	基本表 B_2				解表 B_3			
12	0	1	1	0	0	1	1	0
* 13	0	1	1	1	0	$\bar{1}$	$\bar{1}$	$\bar{1}$
14	1	$\bar{1}$	$\bar{1}$	$\bar{1}$	1	$\bar{1}$	$\bar{1}$	$\bar{1}$
* 15	1	$\bar{1}$	$\bar{1}$	0	$\bar{1}$	1	1	0
* 16	1	$\bar{1}$	$\bar{1}$	1	$\bar{1}$	1	1	$\bar{1}$
* 17	1	$\bar{1}$	0	$\bar{1}$	$\bar{1}$	1	0	1
* 18	1	$\bar{1}$	0	0	$\bar{1}$	1	0	0
* 19	1	$\bar{1}$	0	1	$\bar{1}$	1	0	$\bar{1}$
* 20	1	$\bar{1}$	1	$\bar{1}$	$\bar{1}$	1	$\bar{1}$	1
21	1	$\bar{1}$	1	0	1	$\bar{1}$	1	0
22	1	$\bar{1}$	1	1	1	$\bar{1}$	1	1
23	1	0	$\bar{1}$	$\bar{1}$	1	0	$\bar{1}$	$\bar{1}$
24	1	0	$\bar{1}$	0	1	0	$\bar{1}$	0
25	1	0	$\bar{1}$	1	1	0	$\bar{1}$	1
26	1	0	0	$\bar{1}$	1	0	0	$\bar{1}$
* 27	1	0	0	0	$\bar{1}$	0	0	0
28	1	0	0	1	1	0	0	1
29	1	0	1	$\bar{1}$	1	0	1	$\bar{1}$
30	1	0	1	0	1	0	1	0
31	1	0	1	1	1	0	1	1
32	1	1	$\bar{1}$	$\bar{1}$	1	1	$\bar{1}$	$\bar{1}$
33	1	1	$\bar{1}$	0	1	1	$\bar{1}$	0
* 34	1	1	$\bar{1}$	1	$\bar{1}$	$\bar{1}$	1	$\bar{1}$
* 35	1	1	0	$\bar{1}$	$\bar{1}$	$\bar{1}$	0	1
* 36	1	1	0	0	$\bar{1}$	$\bar{1}$	0	0
* 37	1	1	0	1	$\bar{1}$	$\bar{1}$	0	$\bar{1}$
* 38	1	1	1	$\bar{1}$	$\bar{1}$	$\bar{1}$	$\bar{1}$	1
* 39	1	1	1	0	$\bar{1}$	$\bar{1}$	$\bar{1}$	0

* 强调被调整的行.

关于表 3-3 的一些说明：

① 列出 B_1 和 B_2 是很容易的. 基本表 B_2 并不符合解表的要求,故需做些调整. B_2 的第 4 列已符合解表的要求,可以不必调整.

② B_2 的第 3 列里有 14 个 1 和 12 个 $\bar{1}$,所以必须进行调整. 我们希望在调整第 3 列时不破坏(仍保持)第 4 列的"平衡性"(仍使第 4 列里 1 和 $\bar{1}$ 各为 13 个). 这可有许多调整法,例如可把 3(0010) 调整为 $(00\bar{1}0)$;这样,第 4 列和第 3 列便已符合解表要求.

③ 这时候,第 2 列里有 17 个 1 和 9 个 $\bar{1}$,需把 4 个 1 调整为 $\bar{1}$(注

意 4 是偶数),我们仍希望所用的调整法能保持已调整过的那些列中的平衡性.这不但可能,而且还有许多方法.例如,注意到 5 和 13 的三进制表示法为 $(01\bar{1}\,\bar{1})$ 和 (0111),就不难发现把它们一同调整为 (0111) 和 $(0\bar{1}\,\bar{1}\,\bar{1})$ 时,不会影响第 3 列和第 4 列的平衡性,不妨称 5 和 13 是"可匹配的";这种调整法可使第 2 列中多出 2 个 $\bar{1}$.同理,7$(01\bar{1}1)$ 和 11$(011\bar{1})$ 关于第 3 列和第 4 列是可匹配的,所以同时调整 5,13,7,11 便可使第 2、3、4 列都符合解表要求.显然,满足这些要求的调整法不唯一.

④ 按上面所举的调整法,留下来的第 1 列里有 26 个 1,故须经调整把 13 个 1 变为 $\bar{1}$(注意 13 是奇数).例如先调整 27(1000) 为 $(\bar{1}000)$,可以不影响已调整好的那些列.于是只需在第 1 列里再调整出 12 个 $\bar{1}$(12 为偶数).按照前述原则,很容易找到以下 6 组关于第 2、第 3、第 4 列匹配的数字:$(15,39)$,$(16,38)$,$(17,37)$,$(18,36)$,$(19,35)$,$(20,34)$.这样,就得到表 3-3.到此,可按 B_3 得到"固定称法",如图 3-14 所示.

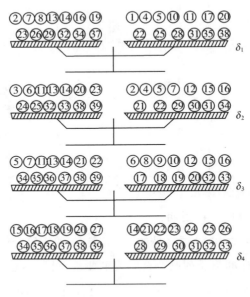

图 3-14

⑤ 由表 3-3 就可安排 4 次称球 $\delta_1,\delta_2,\delta_3,\delta_4$.因为各次称球互相独立,所以称法的先后次序并不是本质的,但为了方便地利用表 3-3,称球结果还是写为 $(\delta_4\delta_3\delta_2\delta_1)$.如果 $(\delta_4\delta_3\delta_2\delta_1)$ 在 B_3 中出现,则相应号码

的球是重球,否则在$(\overline{\delta_4}\,\overline{\delta_3}\,\overline{\delta_2}\,\overline{\delta_1})$必在$B_3$中出现,相应号码的球为轻球(这显示天平左右的对称性,在 3.5 节中称为"共轭性").

⑥ 注意$(\delta_4\delta_3\delta_2\delta_1)$只能出现 79 种不同情况,在表 3-3 所导出的称球法,不可能出现(1111)和$(\overline{1}\,\overline{1}\,\overline{1}\,\overline{1})$.天平最大分辨能力为$3^4=81>79$.天平的本质性限制条件是每次只准称偶数只球.第一次称球时上秤球数必须$\leqslant27$,所以只能称 26 只球.但如果有好球辅助($G=1$足够,再多已无本质的好处),则问题$\{n=4,N=R=41,B=1,G=1\}$便可解,但不可定性.(因为有$G=1$,有好球辅助,$2R=82>81$,仍可充分发挥天平的分辨性,问题仍可解.)

⑦ 读者尚可进一步补充.

⑧ 参看《数学万花镜》第 228 页(上海教育出版社,1981 年).

3.10　总　结

我们从P_1,P_2出发,第一次必须称 8 只球,当秤不平衡时便得到问题$\{n=2,N=P+Q=8,P=Q=4,B=1\}$;后来我们又知道问题$\{n,3\leqslant N=P+Q\leqslant3^n,B=1\}$可解且可定性;由此引导我们研究较一般的问题$\{N=P+Q+R,B,G\}$;再联系天平分辨能力及其对称性(共轭性)的直观解释,使我们注意另一个特征数字$M=P+Q+2R$.这样,我们得到纷繁复杂的一连串命题,并且还留下一大堆问题来不及一一细述.

现在我们把最基本的结论重新列出,掌握了它们,其他各种纷杂的问题便都可迎刃而解,$(1)\sim(8)$都是 3.3 节里的结论,后面几条是 3.4 节的主要内容.

(1) $\left\{n,N=R=3,4,\cdots,\dfrac{3^n-3}{2},B\leqslant1\right\}$可解,可定性.

(2) $\left\{n,N=R\geqslant\dfrac{3^n-1}{2},B\leqslant1\right\}$不可解.

(3) $\left\{n,N=R=\dfrac{3^n-1}{2},B=1\right\}$可解,不可定性.

(4) $\left\{n,N=R=\dfrac{3^n-1}{2},B\leqslant1,G=1\right\}$可解,可定性.

(5) $\left\{n,N=R\geqslant\dfrac{3^n+1}{2},B=1\right\}$不可解.

(6) $\left\{n, N = R = \dfrac{3^n + 1}{2}, B = 1, G = 1\right\}$ 可解,不可定性.

(7) $\left\{n, N = R \geqslant \dfrac{3^n + 1}{2}, B \leqslant 1, G \text{ 任意}\right\}$ 不可解.

(8) $\left\{n, N = R \geqslant \dfrac{3^n + 3}{2}, B = 1, G \text{ 任意}\right\}$ 不可解.

(9) $\{n, N = P + Q = 3, 4, \cdots, 3^n - 1, B \leqslant 1\}$ 可解,可定性.

(10) $\{n, N = P + Q = 3^n, B = 1\}$ 可解,可定性.

(11) $\{n, N = P + Q \geqslant 1 + 3^n, B = 1, G \text{ 任意}\}$ 不可解.

至此,已基本上足够,为了对问题有一个既方便又直观的体会,不妨列出一张简表 3-4.

表 3-4

n	1	2	3	4	5	6	7	8	9	10
3^n	3	9	27	81	243	739	2187	6561	19683	59049
$\dfrac{3^n - 1}{2}$	×	4	13	40	121	369	1093	3280	9841	29524

我们用下面一些例题来结束本节.

例题 1 设给定 $n = 10, B = 1$,试求 $N = R$,使得能从 $N = R$ 只球中找出唯一的坏球,而 $N = R$ 不能再增大.

解 从表 3-4 可查到 $N = R = 29524$,这已是一个很大的数目.如果 $9842 \leqslant N = R \leqslant 29523$,则用天平 10 次,能在 $N = R$ 只球中判别是否其中会有一只坏球(至多只有一只坏球),而且在判明有一只坏球时不仅能找出它,还能判定其轻重性,为了保证以上结论,天平所使用的次数不能减少.

例题 2 设给定 $N = R = 10000, B \leqslant 1$(至多只有一只坏球),试求天平使用次数的最小值 n 和称球法.

解 从表 3-4 知道,用 9 次天平,最多只能从 9840 只球中判别 B 的值,而用 10 次天平就足够从 29523 只球中判别 B,如有坏球,则还能找出.所以所求 $n = 10$.称球方法有许多.第一次称球时上秤的球的数目 $2k_1$ 和暂不上秤的球的数目 $N - 2k_1$ 应受到一些约束条件限制:

$$2k_1 \leqslant 19683 \quad (\text{实际 } 2k_1 \leqslant 19682) \tag{3.10.1}$$

$$R_1 = N - 2k_1 = R - 2k_1 \leqslant 9841 \quad (N = R = 10000) \tag{3.10.2}$$

因为(3.10.1)是考虑到若第一次称球不平衡$(\delta_1 \neq 0)$,则递归到问题

$\{n_1=9,N_1=P+Q=2k_1,P=Q=k_1,B=1\}$,(3.10.2)是当$\delta_1=0$的情况所递归到的问题应受的约束. 注意,若$\delta_1=0$,已有$G=2k_1$,故所得新问题$\{n_1=9,N_1=R_1\leqslant 9841,B\leqslant 1,G=2k_1\}$是可解且可定性的. 第一次称球时必须也只需满足(3.10.1)和(3.10.2),否则便不能保证解决问题. 对于本题,(3.10.1)与(3.10.2)相当于$80\leqslant k_1\leqslant 5000$,即第一次称球时至少要称160只球,满足条件$80\leqslant k_1\leqslant 5000$的都是正确的称球法.

例题3　求解问题$\{N=P+Q+R=350,P=120^-,Q=130^+,R=100,B\leqslant 1\}$.

解　根据(1)～(11)和表3-4,知道只准称5次球是不能判别的,而$n=6$就足够了. 问题$\{n=6,N=R=350,B\leqslant 1\}$可解且可定性. 第一次称球时上秤的球数不得超过243,留下来暂不上秤的球数不得超过121;符合这两个条件的称球法都是正确的. 本题在$N=350$个球已分辨为三组,所加的那些附加条件不能减少称球的次数. 下面给出一种具体称法:把$P=120^-$和$Q=130^+$两组球平分放到天平上去,$R=100$只球暂不上秤,如图3-15所示.

图 3-15

（Ⅰ）$\delta_1=1\Rightarrow B=1$,左$P=60^-$和右$Q=65^+$中有坏球,且已判明$G=R+65+60=225^0$.($225^0$表示已经判别出225只好球了.)问题$\{n=5,N=P+Q=125,P=60^-,Q=65^+,B=1\}$很容易解决,例如可按图3-16的称球法(相对原问题,为第2次称球),以下的情况已不难讨论.

（Ⅱ）$\delta_1=-1$的情况发生时,完全可照上法处理.

（Ⅲ）$\delta_1=0\Rightarrow$秤上都是好球,$G=250^0$,已判明有250只好球(未上秤的100只,左边$Q=65^+$已经是好球,右边$P=60^-$中没有轻球). 但可以不用这些好球. 新问题为$\{n=5,N=R=100,B\leqslant 1\}$,称球时上秤球数须$\leqslant 81$(有好球辅助时,能够实现称81只球),暂不上秤球数须$\leqslant 40$. 所以,对原问题来说,按图3-15称第一次后若得$\delta_1=0$,可再按图 3-17 作第 2 次称球, 读者可将问题讨论到底. 但须注意, 这时如果 $\delta_2 = 0$, 第 3 次称球时必须用到好球辅助, 上秤 27 只球, 留下 13 只球 ……

其实, 像 $P = 120^-$ 和 $Q = 130^+$ 那样的半定性假设条件并不起本质作用. 因为问题 $\{N = R = 350, B \leqslant 1, n = 6\}$ 已是可解的和可定性的 (即少用已知条件就能解决问题).

图 3-16   图 3-17

3.11 线性方程组和矩阵

本节里, 我们把称球问题纳入线性方程组和矩阵论的模型, 从另一个方面把数学的内在美呈现出来. 这个极妙设想的提出者是南京大学的周伯壎教授. 那还是在 1970 年, 作者与周先生闲谈聊及称球问题, 周先生当即就想出这个方法. 时隔数十年, 这个方法仍给作者留下深刻印象, 可见其数学的魅力. 首先, 需对 "称球" 等名词做一些翻译工作. 也就是说, 先把问题 "数学化".

N 个待检的球用 $X_0, X_1, \cdots, X_{N-1}$ 代表, 其中好球、轻球、重球分别用 0、-1、1 表示. N 个球中有且只有一个坏球 ($B = 1$), 即

$$\sum_{j=0}^{N-1} |X_j| = 1$$

这样, 从 $N = 13$ 个球中 (用天平) 去求出一只坏球的问题, 按现在的说法就可译为线性方程组和矩阵问题:

$$(A) \begin{cases} a_{11}X_0 + a_{12}X_1 + \cdots + a_{1N}X_{N-1} = \delta_1 & (1) \\ a_{21}X_0 + a_{22}X_1 + \cdots + a_{2N}X_{N-1} = \delta_2 & (2) \\ \quad\quad\quad\quad\quad \vdots \\ a_{K1}X_0 + a_{K2}X_1 + \cdots + a_{KN}X_{N-1} = \delta_K & (K) \end{cases}$$

其中

$$a_{ij} \in S = \{0, -1, 1\}, \delta_i \in S, X_j \in S$$

且

$$|X_0| + |X_1| + \cdots + |X_{N-1}| = 1$$

而约束条件(B)为

$$
(B)\begin{cases}
a_{11}+a_{12}+\cdots+a_{1N}=0 \\
|a_{11}|+|a_{12}|+\cdots+|a_{1N}|\geqslant 2 & (1^*) \\
a_{21}+a_{22}+\cdots+a_{2N}=0 \\
|a_{21}|+|a_{22}|+\cdots+|a_{2N}|\geqslant 2 & (2^*) \\
\quad\vdots \\
\displaystyle\sum_{j=1}^{N}a_{Kj}=0,\ \sum_{j=1}^{N}|a_{Kj}|\geqslant 2 & (K^*)
\end{cases}
$$

简要说明:方程组(A)的第一个方程(1)表示第一次称球;a_{ij} 表示第 i 次称球,$a_{ij}=-1,0,1$ 分别表示把第 $j-1$ 号球放在天平左盘、不上天平、放在天平右盘里;$\delta_1=-1,0,1$ 分别表示天平右盘轻、天平平衡、天平右盘重;第一次称球以后,δ_1 的值即为已知,其余各方程完全可类似说明.约束条件(B)的(1^*)表示第一次称球时,天平左、右盘里必须放相同数目的球,并且至少要有 2 个球放到天平上去.(B)的其余关系式的意义便不难解释了.现在,称球问题便完全数学化.设 $X_0,X_1,\cdots,X_{N-1}$ 是 $(N-1)$ 个零和一个非零(或为 -1,或为 1)的一个"排列".在(A)和(B)条件下求系数矩阵 $A=(a_{ij})$,使方程组(A)中的方程个数 K 最小,但是在决定(A)中第 h 个方程时,可以根据(依赖)$\delta_1,\delta_2,\cdots,\delta_{h-1}$ 的取值情况,最后要确定 j,使 $|X_j|=1$(如能确定 X_j 的值更好).

这样的问题,实质上是线性方程组和矩阵论的某个反问题:已知 $X_0,X_1,\cdots,X_{N-1}$ 的某些性质,系数 a_{ij} 与方程右端 δ_i 的某些性质,待求的是矩阵 A,而 A 的行数也是待求的,并且 A 的第 2 行可以依赖第一行的系数和方程的右端 δ_1;同理,后继的行可依赖前面的,所以矩阵 A 可以说是很难确定的.

在 3.9 节里,对于 $N=R=13$ 和 $N=R=40$ 的称球问题,可以从表 3-2 和表 3-3 得出固定程序称球法,由此导出的线性方程组数学模型便有极漂亮的数学形式,它们的系数矩阵可以选用完全固定的形式,即可使方程组(A)中各方程彼此独立.

现在我们把 3.9 节里表 3-2 所导出的称球法翻译为线性方程和矩阵:

$$
(A_1)\begin{cases}
X_1+X_4+X_5+X_7-(X_2+X_8+X_{10}+X_{11})=\delta_1 \\
X_2+X_4+X_5+X_{11}-(X_3+X_6+X_7+X_{12})=\delta_2 \\
X_6+X_7+X_8+X_{11}-(X_5+X_9+X_{10}+X_{12})=\delta_3
\end{cases}
$$

如何给定一组$(\delta_3\delta_2\delta_1)$的值,这个问题当然应该根据天平实际称球提供. 前面已说明过,这种称球法不可能出现(111)和$(\overline{1}\,\overline{1}\,\overline{1})$,但这也可直接根据$(A_1)$来说明,不一定要去查阅前面的内容. 更好的方法是从相反的过程来思考:逐个考虑每只球的各种可能,看看$(\delta_3\delta_2\delta_1)$能够有多少种不同状态.

方程组(A_1)的系数矩阵A_1的第一列各元素都是零,注意A_1是B_3的转置:A_1的第一行是B_3的最后一列,……,A_1的最后一行是B_3的第一列.

法国数学家和哲学家笛卡儿(R. Descartes)说:"科学的本质就是数学. "

一类智力游戏,称球问题,不断地出现在书刊里,似乎已是老掉牙的故事. 然而很少有人认真考虑其中蕴含的数学本质. 一旦把适当的数学方法与实际模型结合起来,建立数学模型以后,几乎就可以说所有的工作都是纯粹数学的工作了,而我们的感受却时时没有忘记天平称球的实际背景,并且更强烈地感受到我们正是在这种时候更深刻地认识到天平称球问题的本质(是不是所有的本质都已被认识?).

这里插一个小故事. 正当作者在写本章时,小学四年级的孩子在伤脑筋考虑寒假作业题"如何用天平称2次,把8个金币中的一个较轻假币找出来?"他自言自语:"我家没有天平,这道题怎么做啊. "其实我们根本不需要实物天平、球或钱币,只需要数学,在数学家看来,两组关系(A)和(B)和数学问题是本质的东西,反过来,"天平""球""轻或重"等只不过是对(A)和(B)做一些实际背景的解释而已. 当然,有了这种实际的解释,可能会大大有助于纯数学问题的求解. 设想一下,如果抽去(A)和(B)的称球模型的直观解释,对于一个纯数学化的问题,或许很难发现其求解的方法.

在纯数学和应用数学所引出的大量问题中,对于0和1作元素而成的矩阵已有许多研究和应用. 现在,称球问题引出的矩阵(和增广矩阵)是由元素0、-1、1所构成的,能不能把这类矩阵应用到别的实际问题中去,还有待研究.

最后,我们建议读者考虑下列两道练习题,它们还会引出更多的新问题.

习题 1：试仿照由表 3-2 及其导出的三次固定程序称球法写出的线性方程组（A_1），把表 3-3 导出的四次固定程序称球法也改写为方程组.

习题 2：问题$\{N=R=8,B\leqslant 1\}$的最少称球次数 $n=$? 能不能也设计成固定称球法？

3.12　一道市秤称球问题

在上一节里，概略地指出天平称球问题可归结为求一类特殊的线性方程组的系数矩阵，这里我们不再去谈其中的细节.本节继续运用这个基本思想，转而考虑另外一类称球问题.具体地说，就是探讨市秤（弹簧秤、电子秤）称球.为确定和详尽地介绍思路和方法，我们用一个具体课题进行分析，但避而不谈其一般化和数学化的论述.

问题 P：试用市秤，以最少的称球次数 K，把 $N=6$ 只球中那只唯一的坏球找出来.假设好球的质量为 a，坏球的质量为 $b(a>0,b>0,a\neq b)$，而 $a=$?, $b=$? 都尚未知道.

首先应该弄清题意：求解的是最少称球次数 K 以及找出坏球的方法；是否需要求出 a 和 b 的值却是另外的问题了.

好吧，让我们试试.在科学研究中常常遇到极复杂的情况，科学家常先研究简单情况.现在先让我们设想去掉称球次数最少的约束，把 6 只球逐个称过去，当然可以解决找出坏球的问题，但这不是问题 P.其实，即使按上面的笨办法，最多也只需逐个逐个称球 5 次，已能保证找出坏球.问题 P 要求最少的称球次数 K 以及称球方法.通过上面简单的讨论，已知 $K\leqslant 5$.

仿照上节里的线性方程组，现在我们用 X_1,X_2,X_3,X_4,X_5,X_6 表示这 6 只球，仍用它们来表示各球的质量（$X_1,X_2,\cdots,X_6$ 是 a,a,a,a,a,b 的一个排列）.问题 P 的数学模型可用下列方程组描述：

$$(\widetilde{A})\begin{cases} a_{11}X_1+a_{12}X_2+\cdots+a_{16}X_6=T_1 & (1)\\ a_{21}X_1+a_{22}X_2+\cdots+a_{26}X_6=T_2 & (2)\\ \quad\quad\quad\vdots \\ a_{K1}X_1+a_{K2}X_2+\cdots+a_{K6}X_6=T_K & (K) \end{cases}$$

线性方程组($\widetilde{A}$)中,每一个系数 $a_{ij}=0$ 或 1;$a_{ij}=1$ 表示在第 i 次称球时把第 j 号球放到秤上去,而 $a_{ij}=0$ 表示第 i 次称球时第 j 号球不在秤上;第 i 次称球以后,T_i 的值便是已知的,约束条件的形式在目前的情况下可用如下方式表示:

$$(\widetilde{B})\begin{cases} \sum_{j=1}^{6} a_{1j} \geqslant 1 & (1^*) \\[2mm] \sum_{j=1}^{6} a_{2j} \geqslant 1 & (2^*) \\ \quad\vdots \\ \sum_{j=1}^{6} a_{Kj} \geqslant 1. & (K^*) \end{cases}$$

($\widetilde{B}$) 表示每次至少称一只球才有意义.

于是,问题 P 归结为求解($\widetilde{A}$)和($\widetilde{B}$)的某种反问题:求最小的 K(对应于称球的最少次数,系数矩阵 $\widetilde{A}$ 的最少行数),并根据 $T_1,T_2,\cdots,T_K$ 的值要能保证确定排列 $X_1X_2\cdots X_6$(当然最理想的是还能求出 a 和 b 的值).不过特别要注意的是在确立方程组($\widetilde{A}$)时,可以逐个方程进行.例如在相继建立 h 个方程后,可以(而且应当)根据这 h 个方程(特别是 $T_1,T_2,\cdots,T_h$ 的值)再确立第 $h+1$ 个方程的建立法.

好了,问题 P 已经提得很清楚,并且数学模型都建成了.但是具体把它解出来却并不是件很轻松的事.这是一道貌易实难的好题目,大多数人并不能一开始就认识到其困难性.读者最好自行试解一番,再看下节的解法.

3.13 市秤称球解法概要

因为问题 P 的具体求解法较多,用不同的思路从不同侧面去考虑,会觉得十分纷繁.所以我们独立地另写一节,只提供一种经过分析整理后的叙述方式,供读者参考.

$K=1$,只称一次,显然不能解决问题 P.

$K=2$,只准称 2 次球,仍不行.因为第一次称球时无论怎样安排,在上秤与不上秤的两组球里至少有一组的球数 $\geqslant 3$.再用一次秤是无法保证找出坏球的.

于是,$3 \leqslant K \leqslant 5$.乍看来似乎 $K = 3$ 也不行.但是不能轻易下断言.除非经过证明,数学家是不接受直觉结论的.如果要想证明称 3 次不能解决问题 P,最原始、最笨然而也是最有力的办法是枚举法.可是在这里,枚举法有一定的困难性.数学素养稍差的人往往在两个问题上遇到麻烦,第一是重复多次地纠缠在(本质)相同的情况而还未意识到怎样去摆脱,第二就是遗漏某些关键的情况.当然,我们在用枚举法时,也可以抱着称球 3 次能获成功的希望.结果发现,确实 $K = 3$.现在我们给出一种称球法,说明最多称 3 次球就可找到坏球,并且还能确定 a 和 b 的值,也就是说,可完全确定 $X_1 X_2 \cdots X_6$ 的排列.所用的方法已经在前面出现多次,即"倒回去想".第一,如果称球 3 次能成功,则前 2 次称过的不同的球数必须 $\geqslant 4$,否则即使已知坏球在未上过秤的球里,再称一次,在 3 只以上的球里是没有办法确保找出坏球的;第二,如果还添加要求,在称球 3 次后要确定好球和坏球的质量 a 和 b,则前 2 次称球中至少应该把 5 只不同的球放到秤上去称过,否则,最后一次称的时候无法保证既找出坏球又确定 a 和 b;第三,只称一次球的话只能知道上秤的球的总质量 T_1,而对判断好球和坏球不能提供任何其他信息.以上三条是最重要的线索.当然,读者可以再补充很多内容.

于是,我们决定下面的试称法:在前 2 次中共称 5 只球,至少有一次要称 3 只以上的球.经过摸索试验,我们又得到结论:如果前 2 次称球时每次都恰称 3 只球(共有 5 只不同球被称),则问题 P 是解决不了的.不失一般性,可假设两次称球 $X_1 X_2 \cdots X_5$(编号为 $1, 2, \cdots, 5$),两次称的球又可设为 $(X_1 X_2 X_3)$ 和 $(X_1 X_4 X_5)$(注意:第 2 组球中的 X_1 若换成 X_2 或 X_3,将得到本质上相同的称球法,我们不必重复多次地纠缠在这种情况上).这样称两次的话,就可得到 $X_1 + X_2 + X_3 = T_1$ 和 $X_1 + X_4 + X_5 = T_2$(T_1 和 T_2 为已知的正实数,可从秤上读出).对于 T_1 和 T_2 可分为两种本质不同情况:$T_1 = T_2$ 和 $T_1 > T_2$(而 $T_1 < T_2$ 的情况不必重复讨论).以下说明其中有一种情况,第 3 次无论怎样称球都不能解决问题 P.

当 $T_1 > T_2$ 时,可断定或者 $X_2 X_3$ 中有一只重球,或者 $X_4 X_5$ 中有一只轻球,只剩下一次称球是不能确保解决问题 P 的.

再经一番探索，终于找到前两次称球的一种安排法：

$$X_1 + X_2 + X_3 + X_4 = T_1 = 4t_1 \qquad (1)$$

$$X_3 + X_4 + X_5 = T_2 = 3t_2 \qquad (2)$$

称过球以后，T_1、T_2、t_1、t_2 都是已知正实数.（显然，第二次也可称 $(X_1 X_2 X_5)$ 或 $(X_1 X_4 X_5)$ 或 $(X_2 X_4 X_5)$，这些都是本质相同的称法.）注意，这两次称球法的先后次序是没有必要确定的，也即可以先称 3 只球，再称 4 只球；但是第 3 次如何称球却要由前两次称球的结果来决定，也就是说方程组 $(\widetilde{A})$ 中最后一个方程依赖于前两个方程，特别是与 T_1 和 T_2 有关，甚至有时不必再要第 3 个方程.

让我们分析前两次称球后所得到的信息. 由（1）和（2）可得

$$X_1 + X_2 - X_5 = T_1 - T_2 = 4t_1 - 3t_2$$

注意，T_1 是 4 只球的总重，T_2 是 3 只球的总重，于是 $T_1 - T_2$ "相当"一只球的质量. 若 $T_1 - T_2 \leqslant 0$，可断言 X_5 是重的坏球（$X_5 = b > a$），而且 t_1 作为 4 只好球 $X_1 X_2 X_3 X_4$ 的平均值，故 $t_1 = a = \dfrac{T_1}{4}$，$b = T_2 - \dfrac{T_1}{2}$. 这就是说，当 $T_1 - T_2 \leqslant 0$ 时，只用两次称球就找到了坏球，并且还求出了 a 和 b 的值；用排列的说法，就是已确定 $X_1 X_2 \cdots X_6$ 为 $aaaaba$.

当 $T_1 - T_2 > 0$ 时，讨论比较复杂. 我们再按 t_1 和 t_2 的情况，分 $t_1 = t_2$，$t_1 < t_2$，$t_1 > t_2$ 三种情况进行探讨.

第一种情况：$t_1 = t_2$，判明 X_6 是坏球. 如果不必求出坏球的质量 b，则在这种特殊情况下，只用 2 次称球便可找到坏球并且求出好球质量 $a = t_1 = t_2$. 也即确定排列 $X_1 X_2 \cdots X_6$ 为 $aaaaab$，a 已测定. 若还要求测定 b，再称一次也够了.

第二种情况：$t_1 < t_2$，已判明 X_6 是好球，并且 $X_1 X_2$ 中只可能有一只轻球且 $X_3 X_4 X_5$ 中只可能有一只重球. 倘若只准再称一次，要找到坏球，则必须把 X_1 和 X_2 分开，只选一只去称；同样，在 $X_3 X_4$ 中也必须恰选一只去称，因为方程（1）中不能把 $X_1 X_2$ 区别出来，方程（2）中不能区别 X_3 和 X_4. 这样，就可决定第 3 次称法：

$$X_2 + X_3 = T_3 = 2t_3 \qquad (3)$$

当然，第 3 次也可称 $X_1 + X_3$ 或 $X_1 + X_4$ 或 $X_2 + X_4$.

由此，在 $T_1 = 4t_1 > T_2 = 3t_2$，$t_1 < t_2$ 情况下，找到一种可行的称

球方案：

$$(A_1) \begin{cases} X_1 + X_2 + X_3 + X_4 = T_1 = 4t_1 & (1) \\ X_3 + X_4 + X_5 = T_2 = 3t_2 & (2) \\ X_2 + X_3 = T_3 = 2t_3 & (3) \end{cases}$$

(已知 $X_1{}^-, X_2{}^-; X_3{}^+, X_4{}^+, X_5{}^+; X_6 = a$)，令 $t_4 = \dfrac{1}{2}(T_1 - T_3) = \dfrac{1}{2}(X_1 + X_4)$.

如果我们从 $T_1 > T_2, t_1 < t_2$ 出发，再通过讨论 T_3、t_3 与之的关系去断定哪只球是坏球，将不胜其烦. 我们又一次采取"倒回去想"的方法，容易列出如下的表：

X_1 为轻球 $\Leftrightarrow t_4 < t_1 < t_2 = t_3 = a, b = T_1 - 3a$ 　(1⁻)

X_2 为轻球 $\Leftrightarrow t_3 < t_1 < t_2 = t_4 = a, b = T_3 - a$ 　(2⁻)

X_3 为重球 $\Leftrightarrow a = t_4 < t_1 < t_2 < t_3, b = T_3 - a$ 　(3⁺)

X_4 为重球 $\Leftrightarrow a = t_3 < t_1 < t_2 < t_4, b = T_1 - 3a$ 　(4⁺)

X_5 为重球 $\Leftrightarrow a = t_1 = t_3 = t_4 < t_2, b = T_2 - 2a$ 　(5⁺)

第三种情况：$(T_1 > T_2), t_1 > t_2$；可肯定 X_6 是好球，并且在 $X_1 X_2$ 中只可能有重球，在 $X_3 X_4 X_5$ 中只可能有轻球；第三次称球方案仍可用 (A_1) 中相同的办法，可得下列结论：

X_1 为重球 $\Leftrightarrow a = t_2 = t_3 < t_1 < t_4, b = T_1 - 3a$ 　(1⁺)

X_2 为重球 $\Leftrightarrow a = t_2 = t_4 < t_1 < t_3, b = T_3 - a$ 　(2⁺)

X_3 为轻球 $\Leftrightarrow t_3 < t_2 < t_1 < t_4 = a, b = T_3 - a$ 　(3⁻)

X_4 为轻球 $\Leftrightarrow t_4 < t_2 < t_1 < t_3 = a, b = T_1 - 3a$ 　(4⁻)

X_5 为轻球 $\Leftrightarrow t_2 < t_1 = t_3 = t_4 = a, b = T_2 - 2a$ 　(5⁻)

为了方便，我们列出一张表（表 3-5），并请注意，问题 P 中的条件可以减弱为"6 只球中坏球个数为 $B \leqslant 1$；要求判断 $B = 0$ 还是 $B = 1$；当判明 $B = 1$ 时，还要求找出坏球，并求出 a 和 b 的值."

表 3-5

$$X_1 + X_2 + X_3 + X_4 = T_1 = 4t_1 \tag{1}$$

$$X_3 + X_4 + X_5 = T_2 = 3t_2 \tag{2}$$

$T_1 \leqslant T_2$		称球两次后已能判定 X_5 是重的坏球,$X_5 = b$,而且好球质量为 $a = t_1 = \dfrac{T_1}{4}$,坏球质量为 $b = T_2 - \dfrac{T_1}{2}$,即 a 和 b 都已求出.		
$T_1 > T_2$	$t_1 = t_2$	两次称球后判明 $X_1 X_2 X_3 X_4 X_5$ 都是好球,$a = t_1 = t_2$. 如果有坏球,必是 X_6.如果要求出 b,再称一次球即可.		
	$t_1 \neq t_2$	再次称球后,判明坏球在 $X_1 X_2 X_3 X_4 X_5$ 中,而 X_6 为好球,安排第 3 次称球: $$X_2 + X_3 = T_3 = 2t_3 \tag{3}$$ 令 $\quad t_4 = \dfrac{1}{2}(T_1 - T_3) = \dfrac{1}{2}(X_1 + X_4)$		
		$t_4 < t_1 < t_2 = t_3 = a$	$b = T_1 - 3a$	X_1 为轻球
		$t_4 > t_1 > t_2 = t_3 = a$	$b = T_1 - 3a$	X_1 为重球
		$t_3 < t_1 < t_2 = t_4 = a$	$b = T_3 - a$	X_2 为轻球
		$t_3 > t_1 > t_2 = t_4 = a$	$b = T_3 - a$	X_2 为重球
		$t_3 > t_2 > t_1 > t_4 = a$	$b = T_3 - a$	X_3 为重球
		$t_3 < t_2 < t_1 < t_4 = a$	$b = T_3 - a$	X_3 为轻球
		$t_4 > t_2 > t_1 > t_3 = a$	$b = T_1 - 3a$	X_4 为重球
		$t_4 < t_2 < t_1 < t_3 = a$	$b = T_1 - 3a$	X_4 为轻球
		$t_2 > t_1 = t_3 = t_4 = a$	$b = T_2 - 2a$	X_5 为重球
		$t_2 < t_1 = t_3 = t_4 = a$	$b = T_2 - 2a$	X_5 为轻球

四 围棋盘上的游戏

几何看起来有时候要领先于分析,但事实上,几何先行于分析,只不过像一个仆人走在主人的前面一样,是为主人开路的.

—— 雪尔凡斯脱(J. J. Sylvester)

4.1 围棋盘上的游戏

有位数学家曾经问一位研究概率论的教师会不会玩桥牌,那位教师回答说他正忙于研究概率论,没有空暇去学.那位数学家觉得十分惊诧,因为桥牌与概率论有着非常密切的关系,桥牌可以作为古典概率论的一个很好的数学模型,许多概率论的书里有不少桥牌问题.数学家感到难以理解的是那位教师如何向学生讲解有关桥牌的概率论习题.后来那位教师对桥牌产生了浓厚的兴趣,在概率论的研究中也取得了一些成果.其实,恐怕大多数数学家在研究数学的时候都会感到是在做智力游戏吧!

让我们从一个简单有趣的"皇后登山"游戏谈起,然而这个游戏里包含着许多数学难题.

图 4-1 是普通的围棋盘,它有 $18 \times 18 = 324$ 个小的正方形格子,在右上顶处的格子里标有"▲"的符号代表山顶.游戏由 A,B 两人来玩:由 A 把一位"皇后"(以一枚棋子代表)放在棋盘的最下面一行或最左边一列的某个格子里,然后由 B 开始,两人对弈."皇后"只能向上、向右或向右上方斜着走,每次走的格数不限,但不得倒退,也不得停步不前;谁先把"皇后"走进标有"▲"的最右、最上的那格就得胜.

显然,双方对弈下去绝不可能出现"和棋",在有限个回合后,必有一胜一负.

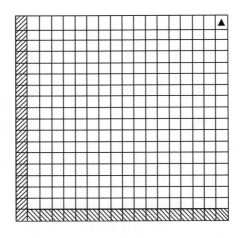

图 4-1

4.2 游戏的策略

为了扼要说明"制高点"的意义，不妨先考虑简化的问题，在 8×8 格的国际象棋盘上讨论"皇后登山"游戏，参看图 4-2.

如果 A 把"皇后"走进图 4-2 中带阴影的格子，则 B 就可一步把"皇后"走到山顶而获胜.因此，任何一方都应该避免把"皇后"走进有阴影的格子，而都应该迫使对方不得不把"皇后"走到带阴影的格子里去.

从图 4-2 中尚可看到，如果 B 能把"皇后"走进标号为 ① 或 ② 的格子，那么 A 只能把"皇后"走进有阴影的格子；由此我们可以明白，如果谁占领了 ① 或 ②，只要以后走法得当，就必稳操胜券，所以 ① 和 ② 这两个位置就像军事上的"制高点".

那么，怎样才能占领 ① 或 ② 呢?请参看图 4-3.如果 A 把"皇后"走进有虚线的方格或或里，则 B 就能占领 ① 或 ②，从而获胜.而 B 又怎样能迫使 A 不得不把"皇后"走进有虚线的方格呢?同样的分析方法，只要 B 能够占领第二对制高点 ③ 或 ④ 的任一格.

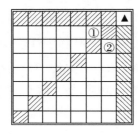

图 4-2

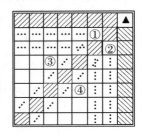

图 4-3

　　继续运用上述分析方法(数学里称之为递推法),就可以最终得到围棋盘上的全部制高点,请参看图 4-4.

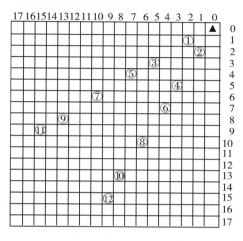

图 4-4

　　在图 4-4 中共有 12 个制高点,它们可分为 6 组:① 和 ②,③ 和 ④,⑤ 和 ⑥,⑦ 和 ⑧,⑨ 和 ⑩,⑪ 和 ⑫;每组里的两个制高点关于山顶是对称的.一旦制高点分布的秘密被参加游戏者掌握,按游戏的规则,B 就必胜无疑.因为在最左一列和最下一行里都没有制高点,所以不论 A 把"皇后"如何放,B 第一步就可抢占到一个制高点(或者 B 第一步就直接到达 ▲),往后 B 总能在每一步都抢占到制高点,直到最后胜利.但是,我们仍感"白璧有瑕",是不是游戏者要携带一张图 4-4,一边对照一边弈棋?参照图 4-4 的坐标记法,再根据对称性,只要记住六个制高点的坐标:$A_1(1,2)$,$A_2(3,5)$,$A_3(4,7)$,$A_4(6,10)$,$A_5(8,13)$,$A_6(9,15)$.这样,谁能先抢占这种位置,就可稳操胜券.然而,蔑视辩证法是不能不受惩罚的.当"皇后登山"游戏的秘密被揭开之时,游戏的末日也就来临了.

4.3　数列与级数

　　"读读 Euler,读读 Euler,他是我们大家的老师",著名的法国数学家拉普拉斯(P. S. Laplace)这样劝导人们读读欧拉的著作.其实,比欧拉稍后的一些著名数学家,例如高斯(C. F. Gauss)等都认真钻研过欧拉的著作.在无穷级数上,欧拉的研究成果也十分丰富.

　　在上一节里,我们粗略地考查了 18×18 格棋盘上的"皇后登山问题",弄清共有 12 个制高点. 由对称性,可以把它们归为 6 个不同的组, 或者说只有 6 个本质不同的制高点. 用同样的方法,可知在 19×19 格棋盘上有 14 个制高点,而在对称意义下则只有 7 对. 现在自然会问:在 $30 \times 30, 40 \times 40, \cdots, 100 \times 100$(一般 $N \times N$)格的棋盘上,制高点分布有什么规律?

仿照前面已引进的坐标记法,把制高点按自然顺序排为$(1,2)$, $(3,5), (4,7), (6,10), (8,13), (9,15), (11,18), \cdots$;对称性的意思在这里就是$(1,2)$ 与$(2,1)$,$(3,5)$ 与$(5,3)$,等等,都只需用其中的一个来代表即可,不必赘述.

亲爱的读者,您注意到图 4-4 上制高点分布的几何特征了吗?

除了可看出 ① 与 ②,③ 与 ④,⑤ 与 ⑥ 等皆关于棋盘对称以外,制高点的总体分布呈现出很强的直觉上的规律性,形状宛如"人"字形两行飞雁,相交于山顶"▲".

倘若读者已感兴趣,请不辞辛劳,花点时间在更大的棋盘上把制高点画出来,例如 $30 \times 30, 40 \times 40$. 说实在的,我们曾一直求至第 100 个制高点,希望能由此而获得发现的快乐,并以此作为报偿.

实际上我们并不是每次必须画出 $N \times N$ 格的棋盘,而是暂时脱离几何图形,转向数学分析的方法,把已经研究过的制高点列成一张表,并试图找寻某种规律,使之能把这张表扩充下去. 开始我们先把 ①, ②,$\cdots$,⑥ 这 6 个制高点的坐标 $A_1(1,2), A_2(3,5), A_3(4,7), A_4(6, 10), A_5(8,13)$ 和 $A_6(9,15)$ 按照 $A_n(x_n, y_n)$ 的形式列进表 4-1 里去, 并记 $x_n = f(n), y_n = g(n)$. 哈!这下可发现了一个很明显的规律:

$$g(n) = n + f(n) \qquad\qquad (4.3.1)$$

这说明如果我们想确定第 n 个本质的制高点时,只需在 $f(n)$ 和 $g(n)$ 中确定一个即可. 例如,倘若对于任给的正整数 n,能求出 $f(n)$, 便完全解决了问题. 似乎到此已找到了解开谜的关键. 但是,对于数学家来说,公式$(4.3.1)$ 是否关于任何正整数 n 都成立的问题必须用数学方法证明. 为了加强信念,我们可以先扩大表 4-1,再多求出一些制高点,在表中出现的有限多的情况都符合式$(4.3.1)$. 后来,经证明,关系式$(4.3.1)$ 确实是普遍成立的. 然而式$(4.3.1)$ 只给出 $n, f(n)$, $g(n)$ 之间的一个关系,还不能解决从 n 求出 $f(n)$ 和 $g(n)$ 的问题. 后来的事实反过来说明,这后一个问题的求解是十分困难的.

表 4-1

n	1	2	3	4	5	6	7	8	9	10	11	12	13	14
$f(n)$	1	3	4	6	8	9	11	12	14	16	17	19	21	22
$g(n)$	2	5	7	10	13	15	18	20	23	26	28	31	34	36
n	15	16	17	18	19	20	21	22	23	24	25	26	27	28
$f(n)$	24	25	27	29	30	32	33	35	37	38	40	42	43	45
$g(n)$	39	41	44	47	49	52	54	57	60	62	65	68	70	73
n	29	30	31	32	33	34	35	36	37	38	39	40	41	42
$f(n)$	46	48	50	51	53	55	56	58	59	61	63	64	66	67
$g(n)$	75	78	81	83	86	89	91	94	96	99	102	104	107	109

4.4 探 索

现在让我们一起来审视表 4-1:第一行是自然数序列;第二行是自然数序列的一个子序列,也即当 $n,m \in \mathbf{N}$,且 $n<m$ 时,必有 $f(n)<f(m)$,而 $\mathbf{N}$ 表示自然数集合;第三行也具有第二行的类似性质;并且还有上节中的公式(4.3.1),它说明表 4-1 里每列中的 $n,f(n),g(n)$ 之间的关系,但是到现在为止的一些结果还尚不足以完全解开谜题.

让我们再对数列 $f(n)$ 和 $g(n)$ 考察一番.1,3,4,6,8,9,… 是一个严格递增的自然数序列,有些自然数未出现在其中.而那些所缺的自然数恰在表示 $g(n)$ 的第三行中出现,也即表 4-1 里的第二行中所未出现的自然数恰好在第三行中按从小到大的顺序依次出现.这是一个新的重大发现,可以和关系式(4.3.1)相提并论.有了这些性质以后,就较为容易发现构造表 4-1 的递推法则:

假设我们已求得 $f(1),f(2),\cdots,f(n)$ 和 $g(1),g(2),\cdots,g(n)$,则集合 $S_n = \{f(1),f(2),\cdots,f(n);g(1),g(2),\cdots,g(n)\}$ 便已确定.设 T_n 是 S_n 关于自然数集 $\mathbf{N}$ 的余集,也即 $T_n = \mathbf{N}-S_n$,则 $f(n+1)$ 即 T_n 中最小的自然数,

$$g(n+1) = n+1+f(n+1) \qquad (4.4.1)$$

由公式(4.3.1)和法则(4.4.1),据数学归纳法,只要写出表 4-1 的第一列以后,就可相继写出其他各列,而且在具体执行时(用手算)还用不着写出 S_n 和 T_n,只需用到左边已经写出的各列.

当然,若要对以上所介绍的列表法做出数学证明,还是很费口舌和笔墨的.

4.5 思 索

我们已经把谜底交给读者了,但是实际猜谜的过程因人而异,由不同的思路,循不同的线索,存在许多解法.例如作者的一些友人,试图研究表 4-1 的第二行,想从数列 $f(n) = \{1,3,4,6,8,9,11,12,14,16,17,\cdots\}$ 中找寻规律.从其中可看出的性质有:出现的自然数最多只有两个是紧接的(例如 3,4;8,9;11,12;16,17;$\cdots$),而缺少的自然数排列起来正是数列 $g(n)$,希望能从中找出某种简单的规律性或某种形式的周期性.其中一定有规律是毫无疑问的,然而这个规律是不是很简单(可用简单公式表达出来)却是不能预料的.有人又想到,在较大的棋盘上,把更多的制高点画上去,看看有什么几何特点,结果发现两排对称的制高点仍旧形如"人"字飞雁,而且对应于表 4-1 的一行飞雁(1,2),(3,5),(4,7),(6,10),$\cdots$ 几乎都在一条直线附近(这条直线的斜率 =?是非常有趣的问题).

现在我们再回到表 4-1,根据公式(4.3.1)和法则(4.4.1),有了第一个本质制高点(1,2)后,便可完全决定表 4-1.它在原则上可以无限构造下去,所以表 4-1 本质上是一张无穷的表(无穷矩阵),根据这张表,任意的 $N \times N$ 格棋盘上的"皇后"登山游戏问题便都解决了.至此,是否一切有关问题均已研究完毕?这却是一个值得商榷的问题.先打个比方,大家知道,

$$1+2+3+\cdots+n = \frac{n(n+1)}{2} \qquad (4.5.1)$$

$$1^2+2^2+3^2+\cdots+n^2 = \frac{n(n+1)(2n+1)}{6} \qquad (4.5.2)$$

在公式(4.5.1)和(4.5.2)的左右两边各自都表示同一个自然数,为什么右边的形式被"认作"求出了和,而左边的形式被"认作"未求出和?为什么 6 必须写成 $\frac{3 \times (3+1)}{2}$ 才算有意义,而把 6 写成 1+2+3 就不算求出和呢?这种问题在教科书里大多避开了.如果我们现在严肃认真地提出这种问题,恐怕一下子会把人蒙住.何况,我们还可为公式(4.5.1)的左边提出一条辩护的理由:左边的表示式比右边的更好,因为左边只用到"加法",而右边却要用到"加法"(括号)、"乘法"和"除法";一般而言,总认为"加法"比"乘法"和"除法"更初等一点,

例如 $6 = 1 + 2 + 3$ 中只用两次加法, 而 $6 = \dfrac{3 \times (3+1)}{2}$ 中要用到加法、乘法和除法, 所以至少对于 6 而言, 公式 (4.5.1) 的左边形式比右边好, 把左边化成右边的过程正是把简单化为复杂. 再进行一番思考, 可以体会到公式 (4.5.1)、(4.5.2) 左边的项数 (对应于运算次数) 是依赖于 n 的, 而右边的表达式中, 运算的次数是固定的, 正是在这个意义上, 公式右边的表达式优于左边的. 当然, 各种表达式各有其特殊的优缺点, 它们给数学研究者提供了锻炼技巧的广阔天地. 这里让我们稍稍偏离一下, 再举一个例子说明有时需要利用类似公式 (4.5.1)、(4.5.2) 左边的形式. 大家知道恒等式 (对于任何自然数 n),

$$\frac{1}{2} + \sum_{k=1}^{n} \cos kx = \frac{\sin\left(n + \frac{1}{2}\right)x}{2\sin\frac{x}{2}} \quad (x = 0 \text{ 时, 认为是极限等式})$$

利用这个恒等式, 便轻而易举能证明

$$\int_0^\pi \frac{\sin\left(n + \frac{1}{2}\right)x}{\sin\frac{x}{2}} \mathrm{d}x = \pi$$

而直接去计算这个积分, 却是不太容易的.

好了, 现在让我们言归正传, 我们想要找出 $f(n)$ 和 $g(n)$ 的直接计算公式.

在下一节里, 我们再给出答案.

4.6 问题的变形

我国数学界老前辈闵嗣鹤教授早在几十年前就发表了《从拣石子得到的定理》一文. 该文从两人拣石子游戏谈起, 饶有风趣地引入数论中一个定理的探讨及证明.

> 题设有两堆石子, 分别有 m, n 粒石子, A, B 两人依次轮流取石子, 每次至少取走一粒, 规定可从任一堆石子中取走任意多粒; 若同时在两堆中取石子, 则必须每堆中被取走的粒数相同 (取出的石子不再放回去), 谁先把石子取光就算得胜. 该篇论文的中心课题是: 这种游戏有没有取胜秘诀 (设 $m, n \geqslant 1$).

乍看一下，A 可以从两堆石子$\{m,n\}$中有很多种取法,例如 A 可以取成$\{0,n\}$,$\{m,0\}$,$\{a,b\}$,而$0\leqslant a=m-x<m,0\leqslant b=n-x<n$,等等.把 A 取石子后所成的新的两堆石子记为$\{m_1,n_1\}$(当$m_1$和$n_1$中有 0 时,实际上不是两堆石子),然后由 B 来取;这样轮流下去,直到决出胜败,不可能有"和棋"的情况.每一方都不知道对方将会怎样取石子,只能决定自己怎样取,这种拣石子游戏有必胜法吗?

我们建议大家再一次运用美国数学家波利亚(G. Polya)在《怎样解题》(*How to Solve It*)一书中反复告诫的方法"倒着干".如果 A 被逼得只能把石子取成$\{0,n_k\}$,$\{n_k,0\}$或$\{n_k,n_k\}$形式($n_k\geqslant 1$),则 B 就可必胜.对于一般形式$\{m,n\}$表示的两堆石子,以后我们总可假设$m\leqslant n$并且记为(m,n).通过不多的几次试探,很快可以发现,谁能把两堆石子取成$(1,2)$,$(3,5)$,$(4,7)$,$(6,10)$,… 就能有必胜之法.

啊,原来闵先生的"拣石子游戏"与"皇后登山问题"是貌异实同的,用数学行话来说,它们本质上是"同构的".

读者还可以把这种游戏改头换面化妆成另外的游戏:由 A 在$2\times N$格的棋盘上任意放两位"皇后"Q_1和Q_2,如图 4-5 所示(取$N=19$为例).

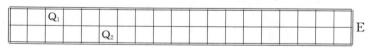

图 4-5

然后,由 B 开始先走棋;如果走一个"皇后",则可把任一"皇后"向右(向 E 方向)走任意多格;如果同时走两个"皇后",则必须向右同时走相同的格子;不得不走棋,也不可倒走.这样轮流走棋,直至谁先把两个"皇后"都走到终点 E(而另一方无棋可走时),即获胜.

图 4-5 里$N=19$不是本质的,而Q_1和Q_2至 E 的空格数目 16 和 13 却是决定这一盘游戏的关键,可记为$(13,16)$.它不是"制高点",所以 A 这样放Q_1和Q_2是一个失招.B 如掌握秘诀,他就应把棋走成$(8,13)$或$(4,7)$,往后只要不犯错误,便必可取胜.

在数学家看来,这些面目不同的游戏,实质上只是一个游戏.它们由表 4-1 和公式$(4.3.1)$及法则$(4.4.1)$完整地解决了.

现在我们列出闵嗣鹤教授用初等方法推得的结果:对于任意给定

的自然数 n,直接计算 $f(n)$ 的公式如下:

$$f(n) = \left[\frac{1+\sqrt{5}}{2}n\right] \qquad (4.6.1)$$

其中 $[x]$ 是指不超过 x 的最大整数;再与公式(4.3.1)联合在一起,即可计算 $g(n)$.

推导公式(4.6.1)需花费一番工夫,也可参看苏联数学家维诺格拉陀夫(Виноградов)所著的《数论基础》,本题只是其中一题的特殊情形.

更巧的是,第二十届国际数学奥林匹克(1978 年 7 月 1 ~ 11 日于罗马尼亚举行)竞赛中由英国提供的一道题目,其中所做的推理分析几乎就完全可以平移到本章的游戏题上来,其后发表的解答长达 11 页以上.兹列出如下:

题 3:设 $f, g: N \to N$ 是严格递增函数,且 $f(N) \bigcup g(N) = N$, $f(N) \bigcap g(N) = \varnothing$,$g(n) = f[f(n)] + 1$,求 $f(2n)$;这里 N 表示正整数集合,$\varnothing$ 表示空集(英国命题,8 分).(注:总共为 6 道题,满分为 40 分,转抄时符号上略作变动.)

关于题 3 的解法当然可能有许多.苏州大学数学系编译的《国际数学奥林匹克》一书上发表的解法,是先推出关系式 $g(n) = n + f(n)$,这正好是本章的公式(4.3.1);然后又巧妙地应用斐波那契(Fibonacci)数列的性质.题 3 本来只要求解出 $f(2n)$,而实际得到了更好的结果.

总而言之,在本章中我们可以看到"皇后登山""拣石子""奥林匹克题"等,在数学上只是貌异实同的"同构"问题.最后的公式(4.6.1)似乎出人意料,由正整数组成的数列 $f(n)$ 和 $g(n)$ 的通项公式里竟出现无理数和"取整函数",难怪有些人企图寻求较简单的或具某种周期性的规律,都遭到了失败.一道游戏题目里竟蕴含如此奇妙的数学内容,使数论专家和图论学者都为之注目.

"皇后登山""拣石子"游戏有一种小小的变着:如若规定走最后一步的人为输者,其他规定都不变,这时游戏者应采用怎样的策略呢?

只需做出一点微小的修改,本章所讨论过的那些结论基本上完全有效.这个变着问题就留给读者做练习.我们将在最后一章的最后一节再谈这个问题.

最后,再提一个问题:

无穷点列$(x_1,y_1),(x_2,y_2),(x_3,y_3),\cdots$ 存在回归直线吗?其中 $x_n = f(n), y_n = g(n)$.

五　移棋问题

对外部世界进行研究的主要目的在于发现上帝赋予它的合理次序与和谐,而这些是上帝以数学语言透露给我们的.

—— 开普勒(J. Kepler)

5.1　围棋热

1984 年底,举世瞩目的中日两国围棋最高水平的擂台赛拉开了战幕,双方都摆出了最强的阵容,以争高低.我国八段江铸久等五战五捷,击败了日本包括新"王人"杯冠军在内的七至九段等棋手,使中国队以 5∶1 领先.日本超一流棋手小林光一上演惊人的六连胜,日本队 7∶5 反超.我国九段聂卫平力挽狂澜,连"杀"三将,打开"双保险",终于与日本棋圣藤泽秀行对弈,又以五目半获胜.历时一年半的第一届中日围棋擂台赛中国以 8∶7 获胜.

第二届中日围棋擂台赛紧接着在 1986 年于北京举行首战.日本小林觉和号称"小电脑"的片岗聪连连获胜,一时日本 8∶4 领先,中国队主帅聂卫平迎战五名日本高手,挫败片岗聪,力克酒井猛,战胜山城宏,"聂旋风"迎战"宇宙流"九段超一流棋手武宫正树,激起了中国围棋迷的空前狂热.棋迷们围在电视机前观战七个半小时,终于发出一片欢呼:聂卫平中盘战胜武宫正树.1987 年 4 月 30 日,经过长达七个半小时鏖战、320 手的拼搏,聂卫平以两目半的优势击败大竹英雄,结束了这场"世纪之战",中国以 9∶8 赢得第二届中日围棋擂台赛.

第三届 NEC 中日围棋擂台赛于 1987 年 5 月开始.刘小光四战四捷,为中国争得 6∶2.山城宏五连胜,扳成 6∶7.中方副帅马晓春破"山城",战"武宫",又扳成 8∶7.日方主帅加藤正夫 1988 年 3 月 12 日中盘胜马晓春,又打成 8∶8.紧接着双方主帅 3 月 14 日在日本东京决战,中央电视台做现场直播. 聂卫平执黑先行, 加藤正夫号称"天煞星"连连砍杀, 双方刀光剑影、惊险异常. 黑子两大块"形势不明", 中方研究室与解说员都情不自禁地为黑方担忧, 揣测如何救活, 聂卫平在考虑半小时后竟脱先走角, 几乎完全出乎意料! 加藤在角上"开劫", 又得官子便宜; 我国研究室与评解员几乎难以讲解下去, 眼看黑方难以挽回受攻的危局了, 聂主帅居然乘打劫将右黑子向中腹一顶, 左黑子向中腹一尖, 全盘皆活! 又一尖一断, 白方中腹一块受围. 尽管加藤运子全力挣扎, 仍无济于事. 当黑子下第 177 手时, 加藤不得不推枰认输. 耐人寻味的是, 当中方电视台向千里迢迢在东京决战的聂卫平祝贺时, 人们对本应该欢呼的三届 NEC 中日围棋擂台赛"三连冠"胜利竟表现得十分平静, 因为这一切都被中国聂卫平的高超棋艺所征服、所压倒了. 当天晚上中央电视台发布此消息时的用语是:"聂卫平棋高一筹, 中盘获胜." 如果说第一届、第二届中方聂主帅"奋力拼搏"连杀三将五虎终于获胜的话, 那么, 第三届中方青年棋手又得 6 分, 马晓春得 2 分, 聂主帅胸有成竹地连通全局中盘获胜的高超棋艺, 展现出了"令人震慑"的大将风度.

这是中日围棋近百年交往史上所没有的, 怎不使我们扬眉吐气, 怎能不使中国棋迷掀起围棋热呢! 虽然过去近三十年, 现在想起来仍然是回味无穷.

让我们在此挑选围棋子来做一些游戏, 并进行一些数学探讨.

设有黑白围棋子各 n 枚($n \geqslant 3$), 在棋盘上排成一行, 左边紧挨着 n 枚白棋, 右边紧挨着 n 枚黑棋.

例如, $n = 3$:　　　　○○○●●●

游戏的要求和规定如下:

(1) 每次移动两枚紧挨的棋子到同一行的空位上去;

(2) 移动时不得改变被移棋子的次序;

(3) 移动 n 次后, 使黑白棋子交错, 并且仍紧挨着在同一行上.

对于 $n = 3$ 的情况, 先试试看吧:

第 1 步　　○●●●○○

第 2 步　　○●●　　○●○

第 3 步　　●○●○●○　　　　　　　　(完)

由对称性,我们不妨总设第 1 步时总把棋子向右移.

读者可以自己试着移 $n=4$ 的情况,如果尝试成功,还可进一步试 $n=5$ 的情况.如果您从前没有玩过这种游戏,而能在一、二天中顺利解出 $n=3,4,5,6$ 的情况,已是很可喜的成功,这时您的兴趣一定会越来越浓,而且可能会相信您已能解出一般的问题.您会想到用已取得的经验去试解 $n=7,8,9,\cdots$ 的情况,好吧,请试试!

5.2　令人困惑的探索

马克思在《资本论》第二版跋里写道:"研究必须充分地占有材料,分析它的各种发展形式,探索这些形式的内在联系.只有这项工作完成以后,现实的运动才能适当地叙述出来.这点一旦做到,材料的生命一旦观念地反映出来,呈现在我们面前的就好像是一个先验的结构了."

为了使读者在游戏与智力的实践中增进对数学方法的了解与兴趣,遵循本书的宗旨,我们陪伴读者一起探索,一起讨论,而把严格详尽的数学论证略去不写.既然是探索,就不能预先知道必定能成功,常会遭受挫折,通向目的地的道路绝不是唯一的,所以更难说是唯一的捷径.这一方面我们衷心盼望得到读者的谅解.

虽然我们希望读者能自己解决 $n=4,5,6,\cdots$ 的情况,但为了完整起见,下面把它们列出:

$n=4$:

$$○○○○●●●●$$

第 1 步　　　○　　　　○●●●●○○

第 2 步　　　○●●○　　　　●●○○

第 3 步　　　○●●○●○●　　　○

第 4 步　　　　●○●○●○●○　　　　　　　　　　　（完）

$n=5$:

$$○○○○○●●●●●$$

第 1 步　　　○　　　　○○●●●●●○○

第 2 步　　　○●●○○●●●　　　●○○

第 3 步　　　○●●○　　　●○●●○○

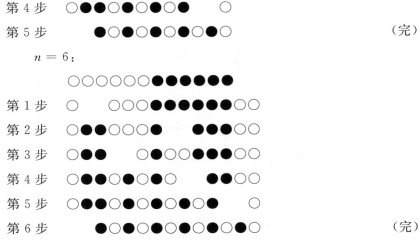

第 4 步 　○●■○●○●○● 　　○

第 5 步 　　●○●○●○●○● 　　　　　（完）

　　$n = 6$：

好了，有兴趣的游戏者或许会继续去探求 $n = 7, 8, \cdots$ 情况. 这当然也是一种方法，直到积累更多的经验，激发灵感，形成猜想.

　　仔细观察对比已得到的结果，渐渐看出一些端倪：$n = 3$ 的情况有点特殊；$n = 4, 5, 6$ 等实例中，第 1 步都移白棋的第 2、3 号子（自左向右编号），最后一步都是移最左边的白黑"○●"到固定格式的空位里去；最终状态（以后称终式）总是 ●○…●○（注意，以 ● 为首，以 ○终），这些是必然的，或是偶然的；或是否还有更重要的性质未被我们发现？是的，还有更重要的一条："前一半"的移动过程中都必须移两枚同色（白色）的棋子，而"后一半"的移棋过程中必须移两枚不同颜色的棋子（○● 还是 ●○ 也得仔细分析）. 为什么"前一半"和"后一半"打上引号？只要想一想 n 可分为奇数和偶数两类情况，便已可了解一半的道理.

　　有了这些准备后，数学家就为自己提出任务，去证明或推翻这些性质，再进一步推出更多性质（必要条件与充分条件）. 对于非数学家来说，发现一批性质（规则），而不去做严格的证明，一般也就可以了. 如此这般，我们已在向目标一步步逼近了. 然而，对于数学家来说，往往有这种情况：问题看起来十分初等和粗浅，可是证明起来极其困难. 在数论中举这类例子是最容易不过的，所以许多人被一些貌易实难的问题困扰不已.

　　根据我们自己走的这条探索之路，体会到移棋的问题要分为前一半和后一半，首先要区分 n 的奇偶性. 当时我们非常兴奋，认为基本上已经把问题解开了,往下只是一些枝节的修剪了.按正确的移棋法,移 $\left[\dfrac{n}{2}\right]$ 步后所成的状态是关键,称为"中局状态",这里的符号 $[\alpha]$ 仍表示不超过 α 的最大整数.

按我们走过的这条探索之路,后来证明,想到"中局状态"这一招,确实对解开问题起到了极大的作用.然而,实际的进程说明,还有更细致的枝节问题会令人头痛.依照我们的经验,有许多智力游戏大致可划分为奇–偶型.一般说来,这类奇–偶型游戏是较简单和初等的.也就是说,玩游戏者常常能很快揭穿这类游戏的秘密.

我们在求解移棋问题的初期,曾经以为只要简单地应用"奇偶性判别法则"和已取得 $n=3,4,5,6$ 的具体经验,就能很容易解决一般的移棋问题.我们希望能用一些"程序化"的法则去解决 $n=7,n=8$ 的移棋问题,结果失败了.有时候离要求的只差一点点;有时候棋子的颜色已达到交错,但在棋子之间却留有空位,等等.也就是说,正确的"程序法则"很难找到.下面的探索法大致有两种,一种是从 $n=3,4,5,6$ 的具体成功例子里去试寻一般规则,以图解开 $n=7,8,\cdots$ 问题.我们认为这种方法较困难.因为有些实例中移棋方法并不唯一,哪一种移法起本质性作用是不容易判断出来的,所以根据较少的几个成功例子尚难窥全貌,于是我们试用第二种方法,就是具体地去尝试解决 $n=7$ 和 $n=8$ 的问题,观察更多的实例,以期发现某种规则.我们还是建议读者自己去解 $n=7$ 和 $n=8$ 的问题,然后再看本书,如果您能在一两天内解出 $n=7$ 和 $n=8$ 的问题,已是很大的成功了.我们相信读者一定会发明(采用)一些简便记号,使问题便于叙述,探索时能提高效率.具体的探索,可在纸上进行,也可用象棋子或黑白纽扣.各有各的优缺点,纸上可以记录下来,黑白纽扣便于移动.但移过棋后难以记住前面几步棋子的排列情况.

现在我们列示一种方法如下:

$n=7$:

(0)　○ ○○ ○○○○●●● ●● ●●
　　　　　▲　　　　▲　　　▲

(1)　○　　　○○○○●●● ●● ●●○○
　　　　　▲　　　　▲　　　▲

(2)　○●● ○○○○●●● ●●○○
　　　　　▲　　　　▲　　　▲

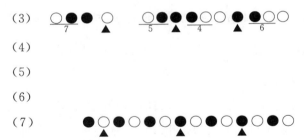

(4)

(5)

(6)

在上面,(0)表示初始状态;(3)是中局状态;(4),(5),(6)这三个状态我们没有详细列出,读者自行补出已毫无困难;在一个状态移成下一状态时所移的棋子之下,用一道横线"——"醒目地标出;从中局状态往后的各步,可再附加标号来区别.实际在移棋时,建议用28枚棋子先放好(0)和(7)所对应的排列,在移棋时可与(7)对照,这样移棋目的便直观明确,方便不少;从这个实例,也能看到移棋法并不唯一.注意有的棋子下面画上了"▲",这些棋子始终未被移动过,可称之为"不动点".对不动点分布规律的研究,或许也能提供解开问题的线索.我们希望读者发明创造更好的符号系统,我们认为一套好的符号系统的引入,本身就是一个重大发明创造.

好了,按照逐步改进的方法,对于 $n = 8$ 的移棋问题,列出如下:

$n = 8$:

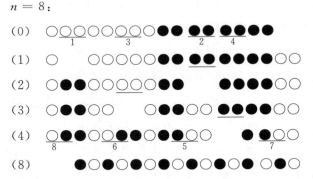

在上面的实例中,可以省写的有(0)和(8).但是我们觉得,实际移棋时,先摆好(0)和(8)有许多方便之处.只要在(0)所表示的初始状态里,标上1、2、3、4移棋次序,(1)、(2)、(3)所对应的行就可以省写.如果写出(0)、(4)、(8),其余步骤就很容易补出来.

到现在为止,我们已经解决了 $n = 3,4,5,6,7,8$ 的移棋问题.观察到的实例说明移法并不唯一,这使得寻求一般移法有很大困难.中局状态的重要性已有一些显露,在中局状态之前各步必须移一对相同颜色的棋子,中局状态之后必须移一对不同颜色的棋子(这两点都容易证明),尚有规则仍待探寻.首先想到的是归纳法,能否把已得经验"套"到一般情况去,这是一个很长的迷茫阶段,我们无法向读者一一介绍,因为有些思路是十分纷乱的.我们和友人一起玩这个游戏时,各人会有自己的独特思考风格,有人用逻辑的方法,有人用代数法,有人用几何法,真是各显神通.这也使我们体会到,"严格"地把数学划分为"代数""几何""逻辑""分析"⋯⋯ 只是为了研究起来"方便"一点而已,实际上数学是一个整体,不可能绝对严格地划分开,而且有时划分开后反而"不方便".由于移法的不唯一性,我们当然不去找寻第 1 步、第 2 步、第 3 步 ⋯⋯ 的移法,经过进一步的试探,我们渐渐意识到从中局状态开始,先移 ●○ 还是 ○●,需要研究.

当代美国数学家马丁·伽德纳(Martin Gardner)在《啊哈!灵机一动》(*Aha!Insight*)一书中,也称移棋问题是古典难题.他说解此问题至少需做 n 次移动,看来他并未解出本题.作者在 1967 ~ 1968 年证明,一般的移棋问题只需移棋 n 步;但是并未证明不能用更少的步数去达到目的.直到 1970 ~ 1971 年,莫绍揆教授给出一个巧妙简捷的证明,把后一个问题解决了.

5.3　猜　　谜

找出(猜出)移棋的一般法则,有点像猜谜,在没有猜中前很可能要费很多脑筋.我们从 $n = 3,4,\cdots,8$ 的成功例子中试拟了若干规则,但是仍不能普遍适用.也就是说,所试的规则并不正确.于是只好再转向 $n = 9,10,\cdots$ 问题,一直做到 $n = 20$,还不能明显看出普遍成立的规则.这时候,我们想,往后是否继续试解 $n = 21,22,\cdots$ 诸问题,以积累更多的直觉经验.另一个可取的办法是,暂时不忙于去试解 $n = 21$,$22,\cdots$ 问题,停下来将已有成果整理一番,让头脑冷静考虑一阵,仔细察看已取得的资料.最好能从新的角度去观望,或者说"硬拍脑袋"去想出一个新招,或许旧的招数已不能取得本质性的进展.这好像我们初次看到一个新玩意儿时,总爱拿在手中,翻来覆去、前后左右地细细玩赏,甚至拆卸开看看.我们认为这是正确而可取的办法.科学研究过程中常会遇到挫折而难以进取,这时特别应该努力想"新招".

移棋问题是一个困难的古典智力游戏,马丁·伽德纳也说"当 $n=$ 4 时,求解不很容易 ……""看来尚有许多其他的变化形式,但据我们所知,迄今未曾有人提出,更谈不上解题了."(请参看《啊哈!灵机一动》中译本)在我国杂志上,我们亦未见到过一般的移棋问题.《数学通讯》的"问题征解"栏里曾提出 $n=8$ 的移棋问题,供数学爱好者锻炼智力.我们花了很多时间才解决到 $n=20$ 的情况.在当初以为区分 n 的奇偶性后就能很快找到答案的想法,被搁置相当长的时间后,一个念头突然呈现在眼前:从中局状态起,认真区分先移 ○● 还是 ●○ 两种情况,我们终于看出移棋问题具有模 4(mod 4) 或说某种以 4 为周期的性质,这多么令人兴奋激动啊!我们终于认清了移棋问题的真面目.谜底揭开以后,原来觉得纷繁迷惑的东西竟如此简单,好像任何一个人都可轻而易举地猜到它.猜谜过程中所用的思维方法和推理方法往往都是极为奇特的;而一旦猜破谜底后,常常可以给予另外多种形式(似乎是先验的)的解释.

我们想到了历史上一批著名科学家.德国的开普勒,作为丹麦天文学家第谷·布拉赫(Tycho Brahe)的助手,分析整理大量实际观察数据,用十多年工夫,才总结出极为近似的行星运动三大定律.由于时代的限制,开普勒未能从理论上说明三大定律.这个任务被牛顿(I. Newton)完成.牛顿站在前人的肩膀上,用他发现的力学三定律和数学方法,经多年的反复思考和观察终于从理论上推导出万有引力定律,并反过来推导出修正过的行星运动三大定律,更进一步地解释了行星运动.在这里,我们觉得值得提及的是:牛顿在阐述万有引力时,曾举例说苹果往地面上跌落正是万有引力所造成的.可是许多人却说牛顿从看到苹果掉落的现象而"顿悟"出万有引力,并以此例劝诫人们要勤于思索,以求有所"顿悟",而成为大科学家.我们认为这是错误的说法,但是我们承认在科学探索中确有顿悟的阶段.这方面只要稍读一点科学史便容易弄明白.我们向亲爱的读者推荐《科学发现纵横谈》一书,作者是我国著名数学家王梓坤教授,他经多年准备而专门写成这本书,并"献给青年同志们".苏步青先生为此书写了序,对其做了很高的评价.

5.4　数学归纳法

一旦"洞察"（或说"顿悟""灵感"）到周期为 4 的特征，移棋问题就快水落石出了．我们早已解决 $n = 3,4,5,6,7,8$ 的问题；而其中 $n = 3$ 的情况是非常特别的，它的最后移动的结果（最终状态）是向右伸展 4 个位置；而其他的情况，最终状态都是向右伸展 2 个位置．有了以上的知识积淀，再加上许多次的试探摸索，我们看出（悟出、猜出）最初 2 步移棋和最后 2 步移棋的方法可以运用固定方法（或叫作固定程序），而从第 3 步开始，可套用 $n - 4$ 的各步移法．这样，便把求解 n 的问题归结为 $n - 4$ 的求解．下面只是数学归纳法的标准例行手续，没有困难了．

定理 1　$(n \geqslant 4) n$ 枚白棋在左边，n 枚黑棋在右边，紧挨地排成一行．则能按移棋规则移动 n 步，使得黑白棋交错排成紧挨的一行，自左至右，以黑棋开始，白棋结尾，而且整体一行向右移出两个位置．

证明　首先，由前面实际移棋，已知当 $n = 4,5,6,7$ 时，定理为真．

其次，设 $n = k$ 时，定理成立（$k \geqslant 4$）；

考查 $n = k + 4$ 的情况：

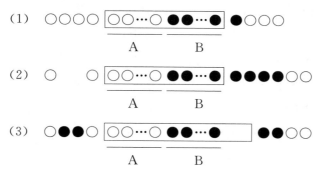

A 组 k 枚白棋，B 组 k 枚黑棋，A，B 即 $n = k$ 的情况．

注意，（3）中的方框里恰好是 k 枚白棋，k 枚黑棋紧挨在一起，并已留出 2 个空位在右边．所以，由归纳法假设再移 k 步，连同（1）、（2）两步计入的话，到第 $(k + 2)$ 步，得到

至此，已很容易看出，最后两步如下移法：

于是,由归纳法公理,定理成立.我们加上框,清楚地示明,框中就是 $n=k$ 的移棋,最初两步和最后两步的移棋都是在框外的棋子的移动,$n \geqslant 4$ 的情况下,如果能在 n 步条件下移棋成功,则定理保证 $n+4$ 的移棋问题,可以用 $n+4$ 步移棋成功.而整串棋子,看作一行整体,向右"移出"2 枚棋子的位置.$n=3$ 的移棋虽已成功,但定理不能保证 $n=7$ 的移棋在 7 步中能移成.因为 $n=3$ 的移棋,最后整串棋子,向右移出 4 枚棋的位置.好在 $n=7$ 的移棋,我们早已验证是可以在 7 步移动后成功,而且整串棋向右移出 2 枚棋位.$n=k$ 的移棋成功和"移出"2 枚棋位是归纳假设,而结论是 $k+4$ 的移棋问题,可以用 $k+4$ 步移成功,而且成功后的棋位是向右"移出"了 2 枚棋的位置,最后由 $n=4,5,6,7$ 的移棋问题和结论都符合定理 1 要求,所以 $n \geqslant 4$,定理 1 成立.$n=3$ 的移棋问题是与众不同的.

到这时,我们才认识到,不可能从 n 推到 $n+1$,而是从 n 可推到 $n+4$.这种形式的数学归纳法,在纯粹数学中是常见的,现在的移棋问题竟然也是这种形式,真是十分有趣.但是我们认为这些只能在揭破谜底后才能令人恍然大悟,而在设计移棋问题这个谜的时候,恐怕不是能预料到的.反过来,是不是又可这样说,$n \Rightarrow n+4$ 的数学归纳法形式可以"具体实现"为移棋模型.抽象数学里一个简单问题被披上具体躯壳后,居然能迷惑许多人,真是开了一个大玩笑.这又使我们去想进一步的问题:既然有些智力游戏拆穿西洋镜后,数学原理十分简单.那么,能不能研究类似的反问题,把选定的抽象数学问题乔装打扮一番,使它以智力游戏的面貌出现,或者设计成智力玩具呢?

5.5　山外有山

围棋奥妙无穷,很难用数学方法研究必胜招法,只好退而求其次;"五子棋"的必胜法有没有,怎样寻求,恐怕也是很难解决的.由围棋衍生的游戏不胜枚举,我们只能对其中的少数几种做出一些探讨.上一节里,只是给出移棋游戏的一种解法(充分条件),尚有一系列问题等待解决.数学家在研究移棋游戏时可采用不同的方法,走不同的路.莫绍揆教授以完全不同的风格,完整地解决了移棋问题.他不仅给出具体移棋步骤,还巧妙地证明了移棋的步数不能再减少.看到新的移棋方法,我们十分高兴,而后一个问题的证明之巧妙精彩,更是令人叹为观止.这个证明方法使我们回想起在初等代数方程论中的笛卡儿(R. Descartes)符号法则.它虽然简单,却极其重要和精彩.

让我们简要介绍莫绍揆先生的巧妙证法.考查初始状态从左至右的棋子颜色的"变化次数",以符号 t_0 记之;显然,初始状态的 $t_0 = 1$;而最终状态的 $t_n = 2n-1$.仿此,可以理解 t_k 即移棋 k 步后所得棋子状态的棋子颜色变化次数.于是,可以对棋子的颜色变化次数进行一番研究,在许多性质中很快就发现两条基本的:

(1)每移一步棋,至多只能使变化次数增加(或减少)2,即 $|t_k - t_{k+1}| \leqslant 2$;

(2)如果能把初始状态移成最终状态,则最后一步最多只能使颜色变化次数增加 1.

上节里证明了移 n 步一定能达到目的,现在证明少于 n 步一定不行,就很容易了.

因为最终状态的棋子颜色变化次数为 $t = 2n-1$(不假设是用 n 步移成的),而 $t_0 = 1$;$t - t_0 = 2n-2$.所以,由性质(1)立即明白,如果想把初始状态移成最终状态,则至少要移 $n-1$ 步(必要条件).

再由性质(2),便可说明,用 $n-1$ 步,绝不可能完成移棋要求.

当然,还可以推出许多性质.例如从初始状态到中局状态的每一步都必须移"同色棋子";从中局状态以后,每步必须移"异色棋":第一步和最后一步都只能使颜色变化次数增加 1,等等.我们猜想,沿这条思路,也能找到移棋问题的解法.

现在我们观察 $n = 8$ 的移棋问题,引出一些新问题.下面简要列出两个不同的解法:

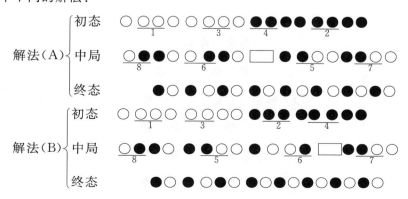

图示中的小标号数字,表示移棋的步数和被移棋的棋子.□表示 2 个空位及其占的位.

读者可以看到,解法(A) 就是用上节的模式得到的,而解法(B),则是另一个本质不同的解法.本例已充分说明,上节所示解法模式只不过是给出一个解的充分条件.由此产生的新问题是:移棋问题的本质解有多少个?如何寻求?

笛卡儿说:"愈学习,愈发现自己的无知."而牛顿也把自己比作在真理大海洋的岸边玩贝壳和鹅卵石的孩子.

原始的移棋问题就介绍到此,下面向读者展示它的一种变异问题,就是每次移棋时规定移动紧挨着的三枚棋子,其他规定都不变.这个新问题是否能解,留给数学爱好者去研究.

我们附上三个实例,结束本章:

例题 1 $n = 3$ 的情况:

初态 ○ ○○●●●

(1) ○ ●●○○●

(2) ○●○○● ●

(3) ○●○●○● (完)

例题 2 $n = 4$ 的情况:

初态 ○○○○●●●●

(1) ○○ ●●●○○●

(2) ○○●●●○ ●

(3) ○ ●●●○○●

(4) ○●○●○●○● (完)

例题 3 $n = 5$ 的情况:

初态 ○○○○○●●●●●

① ○○○ ●●●●○○●

② ○○○●●●●●○●

③ ○ ●●●○○●○●

④ ○●○○●●○● ○●

⑤ ○●○●○●○●○● (完)

六　猜年龄、生肖、姓氏

多诈的人渺视学问,愚鲁的人羡慕学问,聪明的人运用学问;因为学问的本身并不教人如何用它们;这种运用之道乃是学问以外、学问以上的一种智能,是由观察体会才能得到的.

—— 培根(F. Bacon)

6.1　猜年龄与姓氏

1972年1月,美国总统尼克松访问我国时,在上海的一次宴会上,请中外朋友猜一条谜语:"有一种奇妙的东西,每一位中国人都有一个,总共却只有12个."对中国人来说,这个谜是极容易的,当场有人答出了,这就是12生肖.

美国人虽然没有生肖,但有一种"十二宫图"(horoscope).把一年划分为12宫,根据每个人所属的星宿,推算他们的性格和命运.

有趣的是,在中国,"请问您属龙还是属猪?"这是不太礼貌的;在美国,"请问您多大年龄?"也是不礼貌的,尤其对美国小姐,这种发问简直会令人难堪.

那么,倘若我们学会用一种巧妙的游戏方式,猜出对方的年龄、生肖和姓氏,结果想必是非常令人愉快的了.

本节先介绍一种猜年龄的卡片游戏.

这是一套六张的卡片(图6-1).每张图表卡上分别写有32个数字.

细心的读者会发现图6-1所示的六张卡片上数字的分布是有规律的.第(1)张 1—3—5—7—…—61—63,可以称为取 1 丢 1,记为"1—1"型;第(2)张 2 3—6 7—10 11—14 15—…,从 2 开始,"2—2"型;第(3)张则从 4 开始,"4—4"型;第(4)张从 8 开始,"8—8"型;第(5)张从 16 开始,"16—16"型;第(6)张从 32 开始,"32—32"型.

或者,统一为第 k 张,从 2^{k-1} 开始,"$k—k$"型,$k=1,2,3,4,5,6$.

猜年龄游戏卡设计好以后,就可开始游戏了.

```
1  3  5  7  9 11 13 15        2  3  6  7 10 11 14 15
17 19 21 23 25 27 29 31       18 19 22 23 26 27 30 31
33 35 37 39 41 43 45 47       34 35 38 39 42 43 46 47
49 51 53 55 57 59 61 63       50 51 54 55 58 59 62 63
```
(1)   (2)

```
4  5  6  7 12 13 14 15        8  9 10 11 12 13 14 15
20 21 22 23 28 29 30 31       24 25 26 27 28 29 30 31
36 37 38 39 44 45 46 47       40 41 42 43 44 45 46 47
52 53 54 55 60 61 62 63       56 57 58 59 60 61 62 63
```
(3)   (4)

```
16 17 18 19 20 21 22 23       32 33 34 35 36 37 38 39
24 25 26 27 28 29 30 31       40 41 42 43 44 45 46 47
48 49 50 51 52 53 54 55       48 49 50 51 52 53 54 55
56 57 58 59 60 61 62 63       56 57 58 59 60 61 62 63
```
(5)   (6)

图 6-1

表演者一张一张地取卡片给被猜的对象看,请他表示该张卡片上是否有他的年龄数.这种表示"有"或"无"当然也可以用"点头"或"摇头"来代替说话,实际上只要给出一种"信息".当被猜对象给出6个信息后,表演者当场即可猜出他的年龄.只要把"他"给出"有"的那些卡片的第一个(左上角)数字加起来,即为"他"的年龄数.

举例说,某人表示卡片的信息:

(1)　(2)　(3)　(4)　(5)　(6)

有　有　无　有　有　无

则卡片(1)、(2)、(4)、(5)的第一个数字1、2、8、16等四个数字加起来,即27岁.读者尚可自行查片验证,也的确只有在(1)、(2)、(4)、(5)这些卡片上才有27这个数字.

图6-1的六张卡片设计不仅是可以用于猜年龄游戏之中,而且,很容易联想到可用于猜姓氏游戏中去.关键仅仅在于把1至63的年龄数与63个不同的姓氏一一对应排好就行了.

几乎与上述游戏方式完全一致,被猜者给出6个信息后,按上述查年龄的同样方法算出其"姓氏"在第(1)、(2)、(4)、(5)号卡上有,即编号为"27"的姓氏,查一查编号 27 的姓氏即"冯"就是被猜者的"尊姓"了.

　　这里猜年龄与姓氏的图 6-1 及其姓氏表的编排方法,既简便易行,又一目了然.不过,作为智力游戏而言,太容易被识破就索然无味了.

　　为此,我们给猜年龄与姓氏的图表中,加一些"密码",也许能增加不少"神秘性".

　　图 6-2 所示的六张卡片,十分清楚地表明"叶、梁、李……"63 个姓氏与编号 1—63 一一对应了.留下的空白处,如果按图 6-1 中的排列,显然也很快可以一一填入"对号入座"的姓氏.

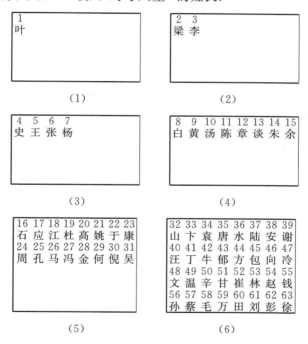

图 6-2

　　然而,这里要说明的是:为了增加"迷惑性",偏偏把空白处应填的编号及相应的姓氏的顺序任意地"随机排列"!例如,图 6-2 中第(5)张卡片上留下的 16 格空白处,根据图 6-1,应按顺序填入 48、49、…、63 及其相对应的姓氏"文、温、…、徐",我们却偏偏任意地把此 16 个"随机排列"写上:

```
16 17 18 19 20 21 22 23
石 应 江 杜 高 姚 于 康
24 25 26 27 28 29 30 31
周 孔 马 冯 金 何 倪 吴

蔡 赵 崔 林 钱 甘 辛 温

文 徐 毛 万 田 孙 彭 刘
```
（5）

为什么可以这样做呢?因为该 16 个姓氏在第(6)张卡片上完全是重复的.当被猜者的姓氏在此 16 个之内,必在第(6)张卡片上也"有".因此,这里的"顺序"毫无必要,只会增加"易识破性".

完全同样的道理,第(1)、(2)、(3)、(4)张卡片中空白的格子上,也恰恰可以甚至应该"随机地"填入相应的姓氏.当然,这里的"随机填入"仅仅指顺序,姓氏是绝不可更换的.

作为例子,这里列出一组,参见图 6-3[其中第(5)、(6)已如上述,故略去].

```
1
叶 应 冯 陆 康 包 冷 杨
余 李 何 王 丁 甘 钱 蔡
黄 杜 卞 唐 郁 孔 万 徐
陈 姚 吴 谢 温 林 刘 谈
```
（1）

```
2 3
梁 李 杜 江 冯 元 唐 汤
朱 于 马 谢 安 向 赵 钱
余 张 倪 牛 冷 甘 万 彭
杨 康 吴 郁 辛 徐 陈 毛
```
（2）

```
4 5 6 7
史 王 张 杨 余 高 水 陆
朱 金 姚 于 康 崔 安 谢
赵 钱 谈 倪 何 包 方 林
田 刘 章 吴 徐 彭 冷 向
```
（3）

```
8 9 10 11 12 13 14 15
白 黄 汤 陈 章 谈 朱 余
马 汪 冷 方 金 何 倪 吴
孔 牛 丁 向 包 田 万 毛
周 郁 冯 徐 刘 彭 孙 蔡
```
（4）

图 6-3

猜姓氏游戏,可以"故弄玄虚"一些了:例如某被猜者——看过上述图 6-3 的卡片(1)、(2)、(3)、(4)、(5)、(6),表示在(1)、(3)、(5)上有他的姓.表演者用心算(1)→1,(3)→2^2,(5)→2^4,总和为 21.先在第(5)张卡片上找到 21→"姚".这只要记住(5)的第 1 个姓氏顺序为 16,往下数 17、18、19、20、21,第 6 个姓氏"姚"即是.然而,再从卡片(1)或(3)上用故意很难找的样子点出"姚"姓来.这样,被猜者往往"大惑不解"了.

再迷惑一点,把卡片(1)、(2)、(3)、(4)、(5)、(6)的顺序也隐藏起

来,靠姓氏的"拼音"相近代表,例如"叶"—(1),"梁"(俩)—(2),
"史"—(4),"白"—(8),"石"(十)—(16),"山"—(32).表演者记住这
6 个代号是很容易的,而被猜者就难以一下子识破了.

迷人的"外衣"掩盖着简单明了的二进制数学原理,这就是猜年
龄(请读者自行改进图 6-1 增加其迷惑性)与姓氏游戏的基本特征.

6.2　猜姓氏与密码

猜姓氏游戏的介绍有多种角度.这里再介绍一种由四张带圆孔卡
片组成的猜姓氏游戏,如图 6-4 所示.

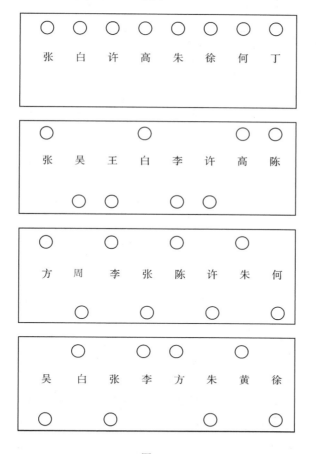

图 6-4

让我们先举一个实例说明该游戏的实际进行过程.然后,再说明
该游戏的四张卡片是怎样设计出来的.

游戏进行过程相当简单.由某观众默记四张卡片上某姓氏(不妨

指"何")开始. 表演者把卡片逐一地给观众看, 由观众提供该卡片上"有"或"无"此姓氏的信息("何"则"有""无""有""无"). 表演者利用某种变换猜出此姓.

具体表演方法是这样: 把观众提供"有"信息的卡片正面放, 提供"无"的卡片"翻过去"放, 结果背面朝前, 而且原来在底行的"孔"翻成在"上"了. 图 6-5(a) 与(b) 表示观众默记姓"何", 翻第(2)、(4) 张排成的图. 再把此四张卡片整理好, 会看到有一"孔"能透过四张卡片, 如图 6-5(b) 所示, 该"孔"底下的姓氏为"许".

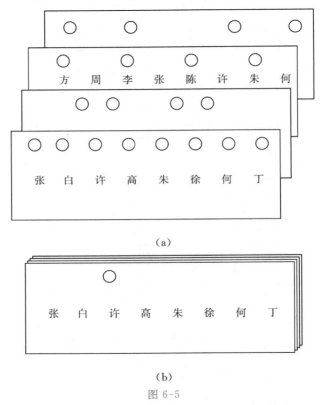

(a)

(b)

图 6-5

那么, 表演者按"密码"的破译, 立即猜出观众原先识定的姓氏为"何"了.

当然, 这里的陈述有着不少疑问. 该四张卡只能猜 8 个还是 16 个姓氏?如果观众默记的姓氏为第一张卡片所没有的姓氏(举例为"王")呢?密码的秘密是怎样设计的?本文的读者能否迅速掌握?此卡片法还能改进吗?

图 6-4 第一张卡片的背面(此时用"左右翻过去", 不同于"上下翻

过去")如图 6-6 所示：

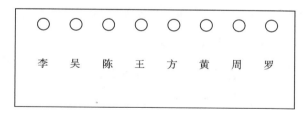

图 6-6

这就回答了第一、第二个疑问. $2^4 = 16$，四张卡片（4 个信息）能确定 16 个姓氏集合中任何一个姓氏. 如果观众默记的姓氏在第一张卡片的正面（图 6-4 所示的第一张）没有，则必然在其反面（图 6-6）.

现在回答有关密码的设计问题.

事实上，如果我们把卡片上圆孔排列为下列 4 张，那么，疑问就显然解决了一半.

如图 6-7 所示，熟悉二进制的读者很快领悟到：后三张卡片的信息立即确定第一张卡片上 ①、②、③、④、⑤、⑥、⑦、⑧ 中之一的位置. 用"1"表示有，"0"表示无：

$$111 \to ①, 110 \to ②, 101 \to ③, 100 \to ④$$
$$011 \to ⑤, 010 \to ⑥, 001 \to ⑦, 000 \to ⑧$$

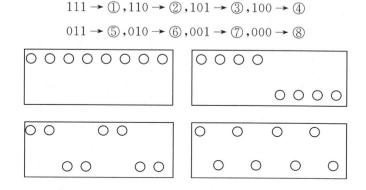

图 6-7

再把第一张卡片左右翻过去，同上，后三张卡片的信息又立即确定第一张反面 ①′ 至 ⑧′ 之一的位置. 从原理上说，图 6-7 设计的圆孔已经可以用于"猜姓氏"了.

为什么要设法加一种所谓"密码"呢？因为作为一种"智力游戏"，恰恰要给它穿上"节日的盛装"，带有某种迷宫式的"神秘性".

为此，只要引入一个变换 T：在集合 $\{1, 2, 3, 4, 5, 6, 7, 8\}$ 到自身的一个一一对应即可.

图 6-8 所示的变换 T:法则是把原自然数乘以 7,只取其乘积的个位数.由于 $7 \times 7 = 49$,其个位数 9 不在集合 $\{1,2,3,4,5,6,7,8\}$ 内,则再乘以 7:9×7,取其积的个位数为"3".

变换 T			变换 T^{-1}		
1	→	7	1	→	3
2	→	4	2	→	6
3	→	1	3	→	7
4	→	8	4	→	2
5	→	5	5	→	5
6	→	2	6	→	8
7	→	3	7	→	1
8	→	6	8	→	4

图 6-8

逆变换 T^{-1} 完全同 T,只不过把"原象"与"映象"颠倒一下位置而已.归纳其法则:乘以 3,取其乘积的个位数.类似 $3 \times 3 = 9$,则再乘以 3 得 27,取其个位数"7".

如图 6-9 所示,图 6-7 上正规的四张卡片圆孔经过变换 T 分别变成图 6-4 所示的那四张.

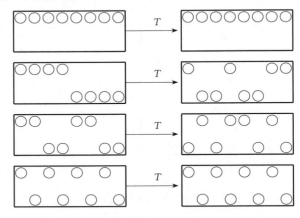

图 6-9

好,如图 6-4 的那四张卡片被设计出来了.现在,我们仍以前面举的实例说明,某观众提供信息是"有""无""有""无"[图 6-5(a)],相当于图 6-9 左列的"有""无""无""有",亦即图 6-9 右列正规型卡片"有无无有".用"1"表示有,"0"表示无,则此信息代号 001 → ⑦ 即为第一张正面的第 7 个(自左向右数)姓氏"何"字了.

那么,由于某种"迷惑性",图 6-5(b)所示的为"许"表示什么呢?怎样还原为观众心中默记的那个"姓氏"呢?

从应用原理上考查,这里介绍共轭变换原理,示意图如图 6-10 所示:

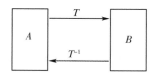

图 6-10

现代控制理论中,它被称为著名的"共轭控制原理",应用极为广泛.我国学者蔡文创立的一门新学科"物元分析"中将其称为"双否变换",其基本思想是完全一致的.例如,日本曾经采用此基本思想方法,使日本小轿车迅速赶上世界第一流的水平.日本把当代各种类型第一流的小轿车买来,拆装,改组,相当于第一次否定,重新综合其优点,扬长避短,极为迅速地形成日本式"超一流"新型轿车.

我们再回到猜姓氏游戏问题上来,图 6-5(b)所示"许"表示 A 经过变换 T 变成 B 了.再还原为观众心中的那个姓氏,应该用 $T^{-1}B$,即法则为乘以 3 取其乘积个位数,把相当于 $3×3～9$ 再乘以 $3:9×3～7$,得到第 7 个姓氏"何"字,则恰恰是观众心中默记的姓氏了.

6.3　猜生肖

猜生肖显示卡由五张带孔的卡片组成,是用来猜对方生肖的游戏玩具.第一张卡片的正面上写着"猜生肖游戏卡片",背面分三行四列,依次写着 12 种生肖:鼠、牛、虎、兔、龙、蛇、马、羊、猴、鸡、狗、猪.第二张至第五张,每张都有 6 个圆孔,又各在未穿孔的位置上写着 6 种生肖的名称,这四张的背面都是空白的.如图 6-11 所示.

游戏这样进行:猜生肖的表演者向某位出示第二、三、四、五张卡片,并要求他表示该张卡片中是否有他本人的属肖,这样被猜者只要用"点头"或"摇头"表示即可.然后,表演者把他表示"有"的卡片正放(例如"A"),把他表示"否"的卡片倒放(例如"∀").当这四张都放好后,叠整齐,一起放在第一张卡片的后面.注意,让所有五张卡片的正面都朝同一个方向.这样,人们从正面看,只不过是第一张卡片的"猜生肖游戏卡片"七个字了;而把这五张卡片一起"翻"倒从背面看,恰恰可以看到,在第一张背面的某一个生肖,而且也只有一个生肖,透过第二、三、四、五张共同的圆孔,显示出来了.这"正巧"是被猜者的生肖.

图 6-11

举例,某人属"羊".他当然表示:第二张"无",第三张"有",第四张"无",第五张"有".表演者则应该把第二、四张倒放,而第三、五张正放,叠好后放在第一张的后面,如图 6-12(a)所示.这时再从五张卡片的背面上看,就可以看到在某个位置(此例为第二行第 4 列),四张都有圆孔,透过此圆孔,看到第一张卡片背面上的"羊"字[图 6-12(b)].

也许,读者会感觉到,猜年龄、猜姓氏、猜生肖这几个游戏一个比一个有所进步.猜生肖的卡片的圆孔设计有点技巧,这是怎样制作或者怎样思考设计出来的呢?智力游戏的构思的确也有些技巧.不过,比起基本原理的掌握与运用,本章甚至本书中的技巧实在是相当浅显的,作者深信读者很快会超过它,并衷心希望读者能悉心领会这里蕴含着的一些数学原理及方法,创造出更富有趣味的智力游戏来!

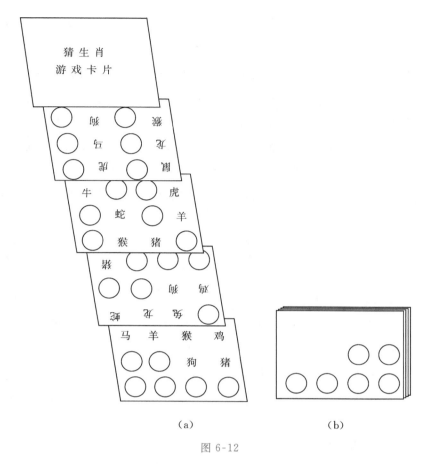

（a）　　　　　　　　　（b）

图 6-12

6.4　猜生肖原理与控制论

如果说读者对猜生肖、猜姓氏、猜年龄的游戏等也有点兴趣,以至于试图自己再改进或者重新设计一些猜谜之类游戏,那么,了解其基本原理与制作的依据,甚至由此涉及一些正在发展的新学科、新分支,就显得十分必要了.

作者也曾浏览过不少数学游戏书刊,例如 12 个生肖用 7 张带圆孔的卡片设计了类似的游戏,但那显然是有待改进的.那么,该用 6 张、5 张还是 4 张卡片呢?最少用几张呢?再例如猜"百家姓"之一,最少要用几个信息呢?

这里涉及 20 世纪 40 年代创立的"控制论"与"信息论"原理.

1948 年,美国数学家维纳(N. Wiener)的著作《控制论》正式出版.同年,美国数学家香农(Shannon)发表了创立信息论的论文.

现代科学系统论、控制论、信息论等开创了科学发展的新的领域、新的方向.现代科学和经典决定论的一个重要区别,就在于人们学会从不确定性的角度看待事物的发生和发展. 在经典的牛顿物理学里, 宇宙被描述成一个结构严密的确定性机器, 一切都是按照某种定律精确地发生的. 未来的一切都是由过去一切严格决定的. 人们由言必对希腊的崇拜, 转变为对牛顿三大定律的权威崇拜. 而一直到 20 世纪初统计物理学创立, 科学家才比较自觉地不再仅仅处理那些必然发生的事情, 而是处理那些最可能发生的事情. 粗看之下也许并不难于理解, 但它确实是 20 世纪科学思想的一次革命.

这里简略地介绍一下, 猜姓氏的卡片是怎样设计制作的.

第一步, 把 16 种可能性, 用二进制表述:

1	2	3	4	5	6	7	8
0001	0010	0011	0100	0101	0110	0111	1000

9	10	11	12	13	14	15	16(0)
1001	1010	1011	1100	1101	1110	1111	0000

第二步, 制作四张卡片时, 分别取四位数(二进制)中右起第 1、2、3、4 位(即 2^0 位、2^1 位、2^2 位、2^3 位)中为 1 的数. 即:

第 Ⅰ 张卡片　　取 1、3、5、7、9、11、13、15

第 Ⅱ 张卡片　　取 2、3、6、7、10、11、14、15

第 Ⅲ 张卡片　　取 4、5、6、7、12、13、14、15

第 Ⅳ 张卡片　　取 8、9、10、11、12、13、14、15、16

第三步, 把 16 个姓氏依次一一对应序号即可. 例:

张	白	许	高	朱	徐	何	丁
1	2	3	4	5	6	7	8

李	吴	陈	王	方	黄	周	罗
9	10	11	12	13	14	15	16

再按上述卡片上应取序号数写上姓氏即可.

当然, 实际制作时, 可用密码增加一些"迷惑性", 给其套上"节日的盛装", 使游戏更加有趣.

读者可考虑并尝试用三进制原理及方法, 重新设计并制作一些类似游戏, 其原理在本质上仍是一致的.

从信息论观点看, 猜 16 个姓氏用 4 张卡片是最少的卡片数了, 而猜 12 生肖与猜 100 个姓, 分别用 4 张和 7 张卡片也是最少的卡片数了. 但应指出, 使用这么多张卡片, 被猜的信息量尚可增多些.

七 若干游戏欣赏

有的时候,决定一项研究的基本思想来自应用或移植其他领域里发现的新原理或新技术 …… 这也许是科学研究中最有效、最简便的方法,也是在应用研究中运用最多的方法.

—— 贝弗里奇(W. I. Beveridge)

7.1 您最欣赏哪一个

现代数学,这个最令人惊叹的智力创造,已经使人类心灵的目光,穿过无限的时间;使人类心灵的手,延伸到无边无际的空间.

本书前六章大体上围绕着六个游戏,介绍了一些常用的数学方法,我们用回溯法研讨高斯猜想过的"八皇后"问题;运用图论、有限域和线性空间表述九连环和梵塔的代数性质;称球问题令人惊奇地与三进制和线性方程组及矩阵论问题产生了联系;围棋盘上的登山游戏与拣石子游戏是同构的,它们又与斐波那契问题有着巧妙的联系;而在移棋游戏中,我们使用了跳跃归纳法;猜生肖、猜年龄则都由二进制产生(也可用集合论方法),当然,利用三进制、四进制也可设计出一些游戏.

我们打算把书写成这样:让读者总是能看清这些智力游戏的内在道理(不仅仅掌握某些"操作法"),甚至使读者有能力去自己发现某些新东西,仿佛就是自己在探索智力游戏一样.

但是,无论在哪一知识领域里,要想逼真地描述发现者所遵循的方法,通常是很困难的.唯一切实可行的"秘诀"就是读者也下功夫去探索,在实践中领会各种基本思路与方法,不下水的人永远也学不会游泳.

著名学者杨振宁教授曾对初学者要形成 taste(品味)做过精辟的论述.他与一位请求进研究院的 15 岁大学生谈话后,认为该学生很聪明,问到的几个量子力学问题都能回答.但当问道:"这些量子力学问题,哪一个你觉得是奇妙的?"那位学生却答不上来.尽管该学生吸收了很多知识,可是他没有发展 taste.因此,杨振宁教授觉得,对他的发展前途不能采取最乐观的态度.学一个东西不只是要学到一些知识,学到一些技术方面的特别方法,而更重要的是要对它的意义有一些了解,有一些欣赏.

您最欣赏哪个智力游戏?也许,您已经对九连环着迷了,那太好了.数学家实际上是一个着迷者,不迷就没有数学.数学方法是数学的本质,充分了解这种方法的人才是真正的数学家.或许,您已经对前六章的数学方法都有所了解,但都不太欣赏.这也未必是不谦逊,只要敢说真话,都应当肯定.优秀的科学家都是某种程度的狂人.

人们往往习惯于某种模式的思考.中国传统的教育体制能够造就大批基础扎实的学生,可是创造性不够,至少我们二人认为,中国教育太模式化、标准化、形式化,而忽视"可行性".许许多多的问题都是会有各种不同的答案的,命题者的标准答案(被定为权威)往往是可笑的.科学发展的前景是不能预见的.在研制电子计算机(已看出有可能成功)时,科学家估计全美国只需十几台就够了,而今天的情况大家可见.估计与现实相差的误差有多大!发明火车、汽车,有人担心人腿退化;发明电子计算机,有人担心人脑退化 …… 我们的希望是在最短时间里,赶超世界水平,那么,我们准备好了没有?有什么具体措施去配合?值得深思啊.

我们的小册子在本章简略介绍一些图论、组合数学、集合论、概率论、控制论等现代数学的有趣课题,借以启发我们的思想方法.但限于篇幅和本书的主题,我们只能从许多智力题中去选取一些能说明基本思想和基本方法的课题而讨论之.

7.2 立方体游戏

若干年前,作者在上海看到用四块立方体组成的"智力玩具".它是把红、蓝、绿、黄(分别以 R、B、G、Y 来代表)四种颜色涂在四块大小相同的立方体的表面上,每个面上只涂一种颜色.图 7-1 是六面的展开图.

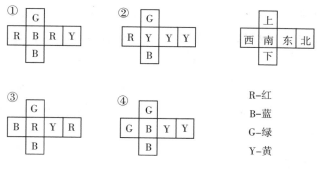

图 7-1

现在的问题是:要求把这样的四块立方体堆放成一个柱体,使其每个侧面上都出现红、蓝、绿、黄的颜色.

这个问题是有解的.可是,要得到巧妙的解法却是一个有趣的难题.先让我们观察一下所有可能的不同组合的总数.底层那块立方体有 3 种放法(例如这样考虑:选定立方体三组对面,南 — 北,东 — 西,上 — 下.把一组面贴放在桌上,而"南"贴放桌面与"北"贴放桌面被认作是相同的),而其他各块立方体的每一块相对于底层那块,各有 24 种不同的放法(每一块的底面有 6 种选法,选定底面后又有 4 种旋转位置),所以总共有 $3 \times 24^3 = 41472$ 种本质不同的组合方法.如果还计算各层堆垒的不同情况,则有 $(4!) \times 24^4 = 7962624$ 种方法,将近 800 万种之多!由此可见若用试凑法,将不胜其烦.

有趣的是,这套四方块游戏让小朋友玩时,机灵的孩子凑啊、调啊,在不太长的时间里居然也成功了.然而,把这四块打乱后再重新组合,却常常得完全从头玩起.

从数以万计的组合中寻求奇妙的组合,有理由说它是很难的,至少谁都没有把握能在短短几分钟里完成.但是,断言"至少十分钟才可能成功"却是不正确的.偏偏有的小朋友在五分钟内凑成功了.

数学家考虑的方式常常是这样的:一开始,可能要仔细观察各块面上涂色的情况,尽可能发现一些特殊的和普遍的特点;再试着摆布一番,在这些过程中归纳出一些性质,大致应围绕取得成功的"必要条件"和"充分条件",看能不能找出一些切实可行的步骤去寻求解答,等等.

首先,我们需要用数学语言把四方块游戏译成一个数学问题.

这里我们试图介绍一点"图论"(Graph Theory)的思想方法.为了使初读者易于接受,不妨先插入一个相当简单的问题.为什么这样做呢?大数学家希尔伯特(D. Hilbert)说过:"我相信,在研究数学问题时,特殊化较一般化起着更重要的作用.也许在绝大多数徒劳地寻求答案的场合,失败的原因是尚未(或尚未完全)解决那些较你手头的问题更简单、更容易的问题."

让我们先来解决更简单、更容易的问题吧.

问题　假设五个不同信息由字母组成为$\{abd,ace,bc,bd,be\}$,现在要求把每个信息"缩短"成它的组成字母中的一个字母,是否可能?若可能的话,给出一个解.

读者用直观就不难得到一个解:$\{a,c,b,d,e\}$,或者另一个解$\{b,a,c,d,e\}$,太简单了!但是,问题在于,试说明一下,有没有一般解法?共有多少解?怎样去找?

列表法(矩阵法)是常用的解法.读者可以这样想:如果不用列表法,而用文字叙述解题思路,或许会相当烦琐.

表 7-1 给我们提供了推理的思路.a 只能代表 abd 或 ace.下面用 $a(abd)$ 来记 a 代表(abd),其余符号的意义可类推,并用符号"⇒"表示推理.例如 $a(abd)⇒d(bd)$,因为当 a 代表abd 后,d 只能代表 bd 了.参照表 7-1,即可得到:

$$a(abd)⇒d(bd)\begin{cases}c(ace)⇒e(be),b(bc)\\c(bc)⇒e(ace),b(be)\end{cases}$$

$$a(ace)⇒c(bc),e(be)\begin{cases}b(abd),d(bd)\\b(bd),d(abd)\end{cases}$$

表 7-1

	abd	ace	bc	bd	be
a	1	1	0	0	0
b	1	0	1	1	1
c	0	1	1	0	0
d	1	0	0	1	0
e	0	1	0	0	1

于是,我们解决了该问题,并找出了所有可能的解,参看表 7-2.

表 7-2

abd	ace	bc	bd	be
a	c	b	d	e
a	e	c	d	b
b	a	c	d	e
d	a	c	b	e

好,插进来的简单问题已经解决了.该题及其图表解法说明了什么呢?一旦把问题的条件与要求列成图表后,似乎对于难以凑成解答(或即使解出来了,也不容易讲清求解的思路)的问题,思路立即变得十分清晰,方法又很简单了.

想一想可否把问题简化?可否把问题变形为一个容易解的同构问题?可否发明一个简单可行的解题算法?在一批探索科学奥秘的勇士中,最有希望率先成功的,常常是善于寻找一条十分清晰道路的探索者.

现在让我们回到立方体游戏上来,努力寻找一条正确而又清晰的思路吧.

表 7-3 与图 7-1 实质上是同一回事,它们不但确定了四块立方体各面上的涂色,而且还规定了各块立方体放置的位置,我们不妨就认为第 4 块 C_4 的底面(B)紧贴着桌面,第 1 块 C_1 在最上面一层;这样的堆放并没有符合题目的要求,问题就是要我们适当进行调整,重新堆放这 4 块(可以不必调动各块所处的层次),使得西南东北四个面上的颜色都平均出现,有点像 4 阶拉丁方,但是怎样找出一种有效的调整方法呢?我们来介绍一点点图论的思想方法.

表 7-3

	上	下	西	南	东	北
C_1	G	B	R	B	R	Y
C_2	G	B	R	Y	Y	Y
C_3	G	B	B	R	Y	R
C_4	G	B	G	B	Y	Y

用四个点 R,Y,B,G 分别表示红、黄、蓝、绿四种颜色.对每一个立方体 C_i 作三条标以 i 的边,这三条边表示 C_i 的三对相对的面,而这种边都以 R,Y,B,G 中适当的点作为端点.

例如 C_1,上下两相对的面分别为绿色与蓝色,我们就在点 G 和点

B 之间连一条边；东西两面都为红色，就在点 R 处作一个环（封闭的边）；南北相对面上分别为蓝、黄，就在点 B 和点 Y 之间连一条边，并且以上作出的三条边都标记上号码 1. 同法，对 C_2、C_3、C_4 都如此.

这样，便得到了一个有 4 个顶点 R、Y、B、G 和 12 条边构成的图 H（图 7-2）.

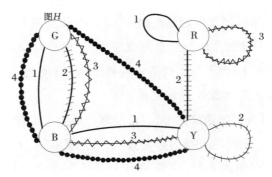

图 7-2

设想一下：四块立方体游戏如果有解，并且各块的位置已经调凑完成，堆放好的柱体各侧面都恰好出现红、蓝、绿、黄颜色；用图论语言如何表述呢，按上面的"作图法"，它的图与图 7-2 中的图 H 有什么关系？

堆放成功的柱体，只需考虑它的两对侧面（南与北、东与西，而上下两面就不必顾及），每对侧面由 8 个正方形组成，应该涂有红、黄、蓝、绿各两面. 因此，柱体的每对侧面对应于一个图 $H_i(i = 1, 2)$.

不难理解，柱体侧面所引出的图 H_1 和 H_2 的点和边分别都是图 H 的点和边；换句话说，图 H_i 的点是图 H 的点，图 H_i 的边是图 H 的边.

为确切起见，我们引入图论的一些基本名词：

定义 1 由若干个（至少一个）不同顶点与联结其中某些顶点的边所构成的图形，就称为图，记为图 G（有的边可以连到同一点上去，两个顶点之间可以连若干条边，等等）.

定义 2 若图 $G = \{V, E\}$，其中 V 表示 G 的所有顶点所成的集合（V 不能为空集，通常 V 是有限集合），而 E 表示 G 的所有边的集合（E 可以是空集. 通常 E 也限定为有限集合）. 若 $e \in E$，则 e 的端点 $u, v \in V$. 若 $u = v$，则 e 是封闭的边；可以有不同的边都连接同一对 u 和 v.

例如，一个正方形（四个顶点和四条边）拼成的图 G_1，可以看作图 7-3 所示的图 G 的子图，如图 7-3 所示. G_1 的顶点集 $\nabla_1 = \{A, B, C, D\}$，$G_1$ 的边集 $E_1 = \{AB, BC, CD, DA\}$，可记 $G_1 = \{\nabla_1, E_1\}$；G 的顶点集 $\nabla = \{A, B, C, D, F, G, H, K\}$；$G$ 的边集 $E = \{AB, BC, CD, DA, AF, FG, GH, HK, KF\}$ 可记 $G = \{\nabla, E\}$

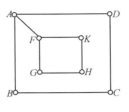

图 G 和图 G_1

图 7-3

当 G_1 是 G 的子图时，也可记 $G_1 \subseteq G$，本例 G_1 是 G 的"真子图"，即 $G_1 \neq G, G_1 \subseteq G$；也可记为 $G_1 \subset G$.

定义 3　若图 $G = \{V, E\}$ 和图 $G_1 = \{V_1, E_1\}$ 之间满足：$\varnothing \neq V_1 \subseteq V, E_1 \subseteq E$，而且 E_1 中的边的端点都是 V_1 中的点，则称 G_1 是 G 的子图（G 是 G_1 的母图）. 其中 $\varnothing$ 表示空集.

应用上述图论的基本概念，我们可以说，柱体的每对侧面对应的图 H_1 和图 H_2，都应当是图 7-2 所示的图 H 的子图.

反过来，图 H_1 和图 H_2 都必须各有四个顶点，四条分别标有 1、2、3、4 的边，而且每个顶点上引出的边的条数（图论中称为该顶点 v 的次数或阶数，记为 $\deg v$）都是 2，约定如在点 v 上引出的是封闭的边，就算引出 2 次. 这是因为每一种颜色在每对侧面中恰出现 2 次. 又因为图 H 的每条边不论出现在图 H_1 或图 H_2 中，至多只能出现一次，所以 H_1 与 H_2 绝没有公共边.

这么一来，解决四方块难题，可以通过图论为媒介，归结为一道从图 H 中能否找出如上的子图 H_1 和 H_2 的简单习题了.

根据图 7-2 所示的图 H，比较容易找到符合要求的子图 H_1 和 H_2，如图 7-4 所示. 读者不妨从图 H 中重新找不同于图 H_1 和图 H_2 的子图 H_1' 和图 H_2'，有兴趣进一步研究的话，可参阅有关图论书籍.

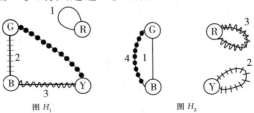

图 H_1　　　　图 H_2

图 7-4

由图 7-4,就得到一种具体堆放法(表 7-4,图 7-5):

表 7-4

	南	北	西	东
C_1	R	R	B	G
C_2	B	G	Y	Y
C_3	Y	B	R	R
C_4	G	Y	G	B
	H_1		H_2	

图 7-5

在图 7-5 中,已确定四块的一种放法,并在每块的五个面上标明了颜色,而朝下那面上的颜色已标在每个块的下方.以上的解法思路可概括为图 7-6.

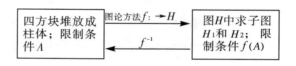

图 7-6

这种思路与求解问题的方法在数学中称为关系映射反演原则(或简称为 RMI 原则),在控制论中又称为共轭控制,现使之化归到图论问题.

以上只不过是介绍了一种解法.事实上,或许有些读者不用图论的方法,也能很快解决四立方块游戏问题.我们在前面所介绍的四块立方体(参看图 7-1 或表 7-3)各面上的涂色已经做过一些改变,使它玩起来较为容易一些,不用图论方法也可以很快找出另一种解法.先考虑必要条件,如果确实能按限制条件堆放好这四块立方体,则柱体的四侧面上各种颜色都必须恰好各有四面.倘若先考虑红色(R),四块中总共出现 5 面,稍稍进行一番简短的思索和推理,便可得到结论,必须把 C_1 和 C_3 上的四个红色面安排在柱体的侧面上,而 C_2 上的红色面必须朝上或朝下……如此这般,便容易得到一种正确的堆放办法.

现在我们再提一个问题:除了原来堆放柱体的条件外,能不能再增加一个条件,使堆放好的四块立方体的朝上那个面上的颜色各不相同?能不能使六个面上颜色各不相同?(也即从东、南、西、北、上、下六个方向去看,都能看到四种不同颜色.)

最后,我们把某玩具公司所生产的智力方块的六面涂色法列成表 7-5.

表 7-5

	上	下	西	南	东	北
C_1	红	红	红	蓝	黄	白
C_2	红	黄	黄	蓝	白	白
C_3	白	红	红	黄	蓝	白
C_4	白	蓝	蓝	黄	红	黄

建议读者自己动手按照表 7-5 做一副玩具.

7.3　幻　方

幻方是一种最古老和最流行的数学游戏.人们对它的兴趣至今未衰.可以毫不夸张地说,它具有永恒的魅力.n 阶幻方就是把正整数 1,2,3,$\cdots$,n^2 排列成 $n \times n$ 方阵(n 横行,n 竖列),使每行中各数之和、每列中各数之和以及每条斜对角线上各数之和都相等于同一个数 S.数 S_n 称为幻方的幻和.容易证明,如果 n 阶幻方存在的话,它的幻和必须为

$$S_n = \frac{n}{2}(n^2 + 1)$$

当 n 为 3、4、5、6、7、8 时,幻和分别为 15、34、65、111、175、260.

3 阶幻方的例子如图 7-7 所示.

8	1	6
3	5	7
4	9	2

或

4	9	2
3	5	7
8	1	6

图 7-7

这是我们中华民族的优秀文化遗产之一,这在当代众多的数学书籍中是公认的.

除了幻方定义中的性质,有许多幻方还具有更多异常而奇妙的性

质,关于幻方的书刊杂志也已令人眼花缭乱,不胜浏览.

这里我们先提一个简单问题:怎样构造幻方?

当然,一个新手开始时总是要摸索一番,试试、凑凑,但是重要的是应该从瞎试乱凑中找出一些规律.

作者在少年时排出 3 阶幻方后,心情十分激动,好像自己发现了新大陆,享受到发明和发现的快乐!但那时在很大程度上是靠瞎试乱凑的.直到现在仍然记得当时的情形.那时候,首先推算出幻和为 15,这一点可以指导往后如何排出 3 阶幻方.第二步也是一个关键步骤:考虑问题中的特殊情况(极端化的思考方法).那么,什么是特殊的呢?这要结合具体问题来分析.往往特殊化、极端化思考方法会使我们茅塞顿开.对于几何图形来说,四个角的位置(以上 2、4、6、8 所处的地方)应视为"平等"的,中心(5 所处地方)是最特殊的,而 1、2、⋯、9 这九个数中间,5 恰也处于中心.注意到这个特点后,就决定把数字 5 放在中心,然后再应用幻和为 15,1+5+9=15,所以 1、5、9 应放在一直线上.稍稍试凑一番便可断定 1、5、9 不能占斜线位置 …… 至此,正确排出 3 阶幻方就不难了.这些方法是不是有普遍意义?(注意:1 和 9 是最小和最大的极端!)

让我们介绍 n 为奇数时,构造 n 阶幻方的一种巧妙方法.这是 de la Loubère 在 17 世纪发现的.

对于 $n=3$,注意到右上对角线上的 4、5、6,这就是构造奇数阶幻方的契机所在!

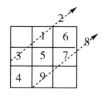

可以称下面的构造方法为"右上对角线法"(图 7-8).

图 7-8

首先,把 1 放在顶行正中间的方格里;然后把所有后继的正整数依次放在右上斜对角线的格子里并做如下修正:

(1)当到达顶行时,下一个数就放到底行里去(从上面出格,从下面入格).

(2)当到达右端列时,下一个数就放到左端列里去(从右出格,从左入格).

(3)当到达的格子里已填有数字或到达右上角的方格时,下一个正整数就填在刚写的数目的正下方的方格里.

作为应用上面的法则,我们列出 5 阶和 7 阶幻方的例子,如图 7-9 和图 7-10 所示.

读者可以用上面的 5 阶和 7 阶幻方,校验规则(1)、(2)、(3),再进一步,自己构作 9 阶幻方.

17	24	1	8	15
23	5	7	14	16
4	6	13	20	22
10	12	19	21	3
11	18	25	2	9

30	39	48	1	10	19	28
38	47	7	9	18	27	29
46	6	8	17	26	35	37
5	14	16	25	34	36	45
13	15	24	33	42	44	4
21	23	32	41	43	3	12
22	31	40	49	2	11	20

图 7-9　　　　　　　　　　　　图 7-10

那么,读者很自然地要关心偶数阶幻方的构造法,这方面至今仍有书刊介绍,为了不让读者完全自行摸索,我们会陪伴着一起做一些欣赏与探讨.显然,2 阶幻方是不存在的,这由 1、2、3、4 四个数字的所有排列情况一一试探即可明白.于是我们先从 $n = 4$ 开始.试按某些对称性或周期性(循环性)安排数字(图 7-11):

	3	2	
5			8
	6	7	
4			1

16			13
	10	11	
9			12
	15	14	

16	3	2	13
5	10	11	8
9	6	7	12
4	15	14	1

图 7-11

哈,果然作成了一个 4 阶幻方!这个 4 阶幻方有什么特点?

首先,容易观察到的是中心对称性:1—16,2—15,3—14,4—13,5—12,6—11,7—10,8—9,每一对元数的和都是 17;这个条件即使未必是必要条件,但至少对于两条斜对角线来说,是幻方的充分条件.

当然,还有许多需进一步研究的.但最好让我们再来试作一个 4 阶幻方吧.

这里,我们试用充分性条件;如果某种对称性成立,人们常先假设 1、2、3、4 分别对应 8、7、6、5,而且(1,2)对应(8,7),(3,4)对应(6,5).

类似,使(9,10)对应(16,15),(11,12)对应(14,13),如图 7-12 所示.
又成功了!

7	⑫	1	⑭
2	⑬	8	⑪
⑯	3	⑩	5
⑨	6	⑮	4

图 7-12

注意,我们已得到两个本质不同的 4 阶幻方!而 3 阶幻方却只有一种.一个自然的问题便是,究竟有多少种 4 阶幻方?已经证明,4 阶幻方共有 880 种,5 阶幻方则多达 275 305 224 种.我们当然不能涉及这些结论是如何证得的,但是这些结果却能使我们深刻理解到,前面只不过是构作幻方的某些方法,远远不能由之构作出一切幻方,而且可以想象,在某些特殊的 4 阶和 5 阶幻方里,可能有更多奇妙的性质.

下面我们试图把以上构作 4 阶幻方的法则套用到构作 6 阶幻方上去.我们分三步走.

第一步,考虑把 1、2、3、4、5、6 分别安放在各行各列里去,再按对称性把 7、8、9、10、11、12 排列进去,得到图 7-13.

5					7
8					6
		10	3		
	1			11	
	12			2	
		4	9		

图 7-13

第二步,应用对称性,使 1—36,2—35,3—34,4—33,5—32,6—31 彼此对应起来;同理,关于 7、8、…、12,分别对应 30、29、…、25;于是我们可在图 7-13 中再填入 12 个数字,成为图 7-14.

在图 7-14 中,已填入 24 个数字,而每条对角线上数字之和已为 111.

第三步,把尚留下的 12 个数字,适当调配填入,成为图 7-15.

5		28	33		7
8	35			25	6
	26	10	3	36	
	1	34	27	11	
31	12			2	29
30		4	9		32

5	22	28	33	16	7
8	35	17	20	25	6
13	26	10	3	36	23
24	1	34	27	11	14
31	12	19	18	2	29
30	15	4	9	21	32

112　110

图 7-14　　　　　　　　　图 7-15

读者也许同作者当时一样,以为已经成功了.可是一一检验后发现唯有第 3 列和第 4 列之和都不是 111,而分别为 112 和 110.

失败了.

不过,这时候要冷静,不要全盘否定.让我们倒推回去,再斟酌一番,问题究竟出在哪里?第 3 列之和比幻和多 1,第 4 列之和比幻和少 1,不影响其他各行各列和两条对角线,如果把在图 7-15 里所填的 18 与 19 对换一下不就成功了吗!于是,正式得到 6 阶幻方(图 7-16).

5	22	28	33	16	7
8	35	17	20	25	6
13	26	10	3	36	23
24	1	34	27	11	14
31	12	18	19	2	29
30	15	4	9	21	32

图 7-16

以上我们仅给出几种构作幻方的方法.在一般的幻方中,还有一些奇妙的性质没有进行深入的探讨.根据几何学的启示,有人利用"平移法""旋转法"等思路,也构造出了幻方,读者可参看其他书刊杂志,我们只列出四个幻方(图 7-17).

15	4	9	6
1	14	7	12
8	11	2	13
10	5	16	3

11	24	7	20	3
4	12	25	8	16
17	5	13	21	9
10	18	1	14	22
23	6	19	2	15

4 阶幻方　　　　　　　　　5 阶幻方

19	36	1	7	35	13
2	20	33	34	14	8
32	3	21	15	9	31
29	4	22	16	10	30
5	23	28	27	17	11
24	25	6	12	26	18

6 阶幻方

22	47	16	41	10	35	4
5	23	48	17	42	11	29
30	6	24	49	18	36	12
13	31	7	25	43	19	37
38	14	32	1	26	44	20
21	39	8	33	2	27	45
46	15	40	9	34	3	28

7 阶幻方

图 7-17

下面,让我们一同来欣赏用质数(又称素数)构成的幻方(图 7-18,图 7-19).

569	59	449
239	359	479
269	659	149

图 7-18

17	317	397	67
307	157	107	227
127	277	257	137
347	47	37	367

图 7-19

我们在这里介绍的幻方,仅仅谈到在平面方格里的填数问题,而且还只是极小的一部分内容,完全没有涉及筒形幻方、对称幻方、超级幻方、幻方群以及幻方的拼拆镶嵌问题.

在一些发达国家里,由于计算机的普及,甚至一些中学生都已构作出令人惊叹的立体幻方.作者亦曾闻说我国也有人在研究高维空间里的幻方,可惜至今无缘得以问津桃源.

作为本节图 7-11 所示的幻方的构造法的小结,本文从偶数次幻方具有中心对称性:1—16,2—15,3—14,4—13,5—12,6—11,7—10,8—9,每一对元数的和都是 17 出发,容易产生一个非常自然的研究课题:能否利用这个特点,探索出一个构造方法,对 $4N$ 阶($N=1,2,\cdots$)以及($4N+2$)阶幻方都由一个充分条件构造出来呢?

经过一番研究探索,结果是肯定的.

1. 构造 $4N$ 阶幻方

定义 4 称方阵 4×4 为"4 阶幻方基底",如果此方阵由 $\pm0,\pm1$,$\pm2,\cdots,\pm7$ 共 16 个整数组成,并且每行、每列、每条对角线上 4 个数之和皆为 0.

图 7-20 即为一 4 阶幻方基底.凡 $-0,-1,-2,\cdots,-7$ 都加 8;凡 $0,1,2,\cdots,7$ 都加 9 得一对称型 4 阶幻方(图 7-21).

0	-1	-2	3
-4	5	6	-7
7	-6	-5	4
-3	2	1	-0

图 7-20

9	7	6	12
4	14	15	1
16	2	3	13
5	11	10	8

图 7-21

再构造 $N=2$ 即 8 阶幻方基底(图 7-22):

0	-1	-2	3	8	-9	-10	11
-4	5	6	-7	-12	13	14	-15
7	-6	-5	4	15	-14	-13	12
-3	2	1	-0	-11	10	9	-8
16	-17	-18	19	24	-25	-26	27
-20	21	22	-23	-28	29	30	-31
23	-22	-21	20	31	-30	-29	28
-19	18	17	-16	-27	26	25	-24

图 7-22

细心的读者一定会发现此 8 阶幻方基底是由 4 个 4 阶幻方基底顺次组成。

而且,每个 4 阶幻方亦有自然数顺序,按 $+--+$、$-++-$、$+--+$、$-++-$ 构成,即每行、每列、每条对角线之和皆为 0.

然后,再对 $N=2$ 即 8 阶幻方基底中所有负数(包含 $-0,-1,-2,\cdots,-31$)加 32,所有正数(包含 $+0,+1,\cdots,31$)加 33.即得到一对称型 8 阶幻方(图 7-23).

此 8 阶幻方每行、每列、每条对角线上 8 个数之和皆为 260.

根据上述两个实例($N=1,N=2$),我们完全可以用数学归纳法推广到一般 $4N$ 阶幻方基底及其相应的 $4N$ 阶幻方上去.只要按对应法则 f:基底中负数(包含 -0)加 $8N^2$,正数(包含 $+0$)加 $8N^2+1$,则构成 $4N$ 阶幻方.

33	31	30	36	41	23	22	44
28	38	39	25	20	46	47	17
40	26	27	37	48	18	19	45
29	35	34	32	21	43	42	24
49	15	14	52	57	7	6	60
12	54	55	9	4	62	63	1
56	10	11	53	64	2	3	61
13	51	50	16	5	59	58	8

图 7-23

定理 1 设有自然数 $1,2,3,\cdots,16N^2$，则必可应用"基底构造法"，构成一类"对称型 $4N$ 阶幻方".

证明 根据上述实例 $N=1,N=2$ 及数学归纳法即可证，证明过程则不必赘述了.

2. 构造 $4N+2$ 阶幻方

继续探讨 $4N+2$ 阶幻方的构造方法. 关键在于"镜框型" $4N+2$ 阶幻方基底的构成.

定义 5 称方阵 6×6 为"6 阶幻方基底"，如果此方阵由 $\pm0,\pm1,\pm2,\cdots,\pm17$ 共 36 个整数组成，并且每行、每列、每条对角线上 6 个数之和皆为 0.

实例一 6 阶幻方基底由上述 4 阶幻方基底再加上"镜框型"四边组成（图 7-24）：

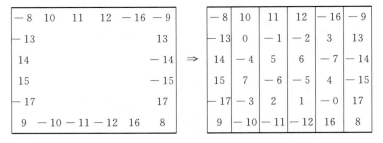

图 7-24

实例二 10 阶幻方基底由上述 8 阶幻方基底再加上"镜框型"四边组成（图 7-25）：

−33	32	35	36	−37	38	−39	−40	42	−34
41									−41
−43									43
−44									44
45									−45
−46									46
47									−47
48									−48
−49									49
34	−32	−35	−36	37	−38	39	40	−42	33

图 7-25

读者很容易填上 8 阶幻方基底得到 10 阶幻方基底.

这里限于篇幅,着重研究的亦恰恰是推广到适用于一般自然数 N 的、其顶一行及其最右一列的排列规则.

从实例 2 的 10 阶幻方基底"镜框型"看到的是:

其顶一行为

$$-33,32,35;36,-37,38,-39,-40,42;-34$$

其最后一列顶项为 -34,底项为 33,中项 8 个数自上而下依次为

(B_1):$-41,43,44,-45$

(B_2):$46,-47,-48,49$

限于篇幅,用表 7-6 列出 10 阶、14 阶、18 阶、22 阶幻方基底中,其顶一行的具体排列. 从而,对一般 $4N+2$ 阶幻方基底的其顶一行的排列规则给出一种充分条件,即这样排列是一种可行的排法.

表 7-6

$4N+2$ 阶	最顶一行排列		备注
$N=2$, 10 阶	$-33,32,35$ $36,-37,38,-39,-40,42$	-34	$N\geqslant 3$,分 $(A_1)(A_2)(A_3)$ 三段
$N=3$, 14 阶	$-73,72,75$ $76,-77,-78,79$ $80,-81,82,-83,-84,86$	-74	(A_1):由和为 0 的 $-(p+1),p$, $p+3,-(p+2)$ 的 4 个数组成.

（续表）

$4N+2$ 阶	最顶一行排列	备注
$N=4$, 18 阶	$-129,128,131$ $132,-133,-134,135;$ $136,-137,-138,139,$ $140,-141,142,-143,-144,146;$ -130	（A_2）：由（$N-$ 2）$\times 4$ 个数组 成；每组 4 个 数，和为 0
$N=5$, 22 阶	$-201,200,203$ $204,-205,-206,207;$ $208,-209,-210,211,$ $212,-213,-214,215;$ $216,-217,218,-219,-220,222;$ -202	（A_3）：由 6 个 数组成，三数 对：差为 -1， $-1,2$
一般 N, $4N+2$ 阶	$\left.\begin{array}{l}-(p+1),p,p+3\\p+4,-(p+5),-(p+6),p+7\\p+8,-(p+9),-(p+10),p+11\\\qquad\vdots\end{array}\right\}(N-2)$ 组 $\overline{p},-(\overline{p}+1),\overline{p}+2,-(\overline{p}+3),-(\overline{p}+4),\overline{p}+6,$ $\phantom{\overline{p},-(\overline{p}+1),\overline{p}+2,-(\overline{p}+3),-(\overline{p}}-(p+2)$ 其中，$p=8N^2,\overline{p}=p+4(N-1)$	

引理 1 设有整数 $\pm0,\pm1,\pm2,\cdots,\pm\left[\dfrac{(4N+2)^2}{2}-1\right]$，则可按

$4N$ 阶幻方基底，再加上"镜框型"四边构造成 $4N+2$ 阶幻方基底.其

中"镜框"

（1）顶上一行按表 7-6（A）排列：

$$-(p+1),p,p+3$$

$$\left.\begin{array}{l}p+4,-(p+5),-(p+6),p+7\\p+8,-(p+9),-(p+10),p+11\\\qquad\vdots\end{array}\right\}(N-2)\text{组}$$

$$\overline{p},-(\overline{p}+1),\overline{p}+2,-(\overline{p}+3),-(\overline{p}+4),\overline{p}+6,-(p+2)$$

其中 $\qquad p=8N^2,\overline{p}=p+4(N-1)$

（2）最右一列顶项为 $-(p+2)$，底项为 $(p+1)$，中间 $4N$ 个数按自

上而下排列（B）：

（B_1）：$-(\overline{p}+5),\overline{p}+7,\overline{p}+8,-(\overline{p}+9)$

（B_2）：

$$(N-1)\text{组}\left\{\begin{array}{l}\overline{p}+10,-(\overline{p}+1),-(\overline{p}+12),\overline{p}+13\\\qquad\vdots\\\overline{p}+4N+2,-(\overline{p}+4N+3),-(\overline{p}+4N+4),\overline{p}+4N+5\end{array}\right.$$

证明　限于篇幅,这里先给出 $N=2$ 作为特例.

引理 2　设有 $\pm 0, \pm 1, \pm 2, \cdots, \pm 49. p=32.$

(1) 顶上一行:$-33,32,35;36,-37,38,-39;$

$\overline{p}=32+4=36,-37,38,-39,-40,42,-34$

(2) 最右一列顶项为 -34,底项为 33,

中间 8 个数为:$-41,43,44,-45$

$$46,-47,-48,49$$

与本文前述的完全符合(图 7-25).

其余证明由 $N=k$,推得 $N=k+1$ 成立,由数学归纳法得到对任何 N 成立.故从略.

最后,总结上述内容,我们得到下列定理.

定理 1　设有自然数 $1,2,3,\cdots,(4N+2)^2$,则由"幻方基底法"可构造出一类对称型 $4N+2$ 阶幻方.

证明　第一步　取 $\pm 0, \pm 1, \pm 2, \cdots, \pm(8N^2-1)$ 共 $16N^2$ 个整数可构造成 $4N$ 阶幻方基底.

第二步　由引理构造成 $4N+2$ 阶幻方基底.

第三步　再由此基底,每一个负数(含 -0)加 $8N^2$,每一个正数(含 $+0$)加 $8N^2+1$,即可构造成 $4N+2$ 阶幻方,想构出的那个幻方记作 A.

先作 A 的"基底",再作出 A.

作为 7.3 节的结束,我们再介绍几个奇妙的幻方. 图 7-26 和图 7-27 的幻方,对各行、各列及两条对角线上的数字进行乘法运算,得到的积都仍相同,所以称之为"双料幻方". 图 7-28 的幻方,如果把各位置上的数都代之以它们的平方数,结果仍是幻方,所以称之为"2 次幻方". 而图 7-29 的幻方,不但满足 2 次幻方的要求,而且还能使各数的立方仍构成幻方,所以称之为"3 次幻方". 图 7-30 是 8 阶立体幻方. 它是把数字 $1,2,3,\cdots,512$ 适当排入 $8\times 8\times 8$ 的 512 个小立方体中去,组成一个大的立方体. 总共有三种"切片法"去切割它,图中只示明一种切片法(另两种类似),切成 $C_1,C_2,\cdots,C_8$,每一片都是幻方,而且大立方体对角线上的数字之和也是常数(与各行、各列上数字之和都相等).

46	81	117	102	15	76	200	203
19	60	232	175	54	69	153	78
216	161	17	52	171	90	58	75
135	114	50	87	184	189	13	68
150	261	45	38	91	136	92	27
119	104	108	23	174	225	57	30
116	25	133	120	51	26	162	207
39	34	138	243	100	29	105	152

图 7-26 曾被认为"世界之最"的第一个双料幻方
（和常数 = 840，积常数 = 2058068231856000）

2	126	117	99	17	259	40	100
37	119	200	20	42	6	297	39
168	4	33	91	333	51	50	30
153	111	10	150	8	84	13	231
15	225	102	74	52	264	7	21
132	104	147	1	75	45	222	34
175	5	148	136	198	26	63	9
78	66	3	189	35	25	68	296

图 7-27 目前(1991 年)已知的乘积亦为常数
的最小双料幻方
（和常数 = 760，积常数 = 51407748592000）
（摘自《科学生活》，1991 年 12 期）

5	31	35	60	57	34	8	30
19	9	53	46	47	56	18	12
16	22	42	39	52	61	27	1
63	37	25	24	3	14	44	50
26	4	64	49	38	43	13	23
41	51	15	2	21	28	62	40
54	48	20	11	10	17	55	45
36	58	6	29	32	7	33	59

图 7-28 8 阶的 2 次幻方
（一次和 $S_1 = 260$，二次（平方）和 $S_2 = 11180$）

348	556	873	25	1024	144	461	701	215	935	742	406	627	259	66	818	443	715	906	250	799	111	302	606	56	840	517	373	660	484	161	977
381	525	848	64	985	169	492	668	242	898	707	435	598	294	103	791	414	750	943	223	826	74	267	635	17	865	548	340	693	453	136	1016
279	615	806	86	947	195	386	754	156	1004	681	473	576	336	13	893	504	648	965	181	852	36	353	529	123	779	586	314	735	431	238	926
306	578	771	115	918	230	423	727	189	973	656	512	537	361	44	860	465	673	996	148	885	5	328	568	94	814	623	287	762	394	203	955
209	929	740	404	629	261	72	824	350	558	879	31	1018	138	459	699	50	834	515	371	662	486	167	983	445	717	912	256	793	105	300	604
248	904	709	437	596	292	97	785	379	523	842	58	991	175	494	670	23	871	550	342	691	451	130	1010	412	748	937	217	832	80	269	637
158	1006	687	479	570	330	11	891	273	609	804	84	949	197	392	760	125	781	592	320	729	425	236	924	498	642	963	179	854	38	359	535
187	971	650	506	543	367	46	862	312	584	773	117	916	228	417	721	92	812	617	281	768	400	205	957	471	679	998	150	883	3	322	562
982	166	487	663	370	514	835	51	601	297	108	796	253	909	720	448	821	69	264	632	401	737	932	212	698	458	139	1019	30	878	559	351
1011	131	450	690	343	551	870	22	640	272	77	829	220	940	745	409	788	100	289	593	440	712	901	245	671	495	174	990	59	843	522	378
921	233	428	732	317	589	784	128	534	358	39	855	178	962	643	499	890	10	331	571	478	686	1007	159	757	389	200	952	81	801	612	276
960	208	397	765	284	260	809	89	563	323	2	882	151	999	678	470	863	47	366	542	507	651	970	186	724	420	225	913	120	776	581	309
607	303	110	798	251	907	714	442	980	164	481	657	376	520	837	53	704	464	141	1021	28	876	553	345	819	67	258	626	407	743	934	214
634	266	75	827	222	942	751	415	1013	133	456	696	337	545	868	20	665	489	172	988	61	845	528	384	790	102	295	599	434	706	899	243
532	356	33	849	184	968	645	501	927	239	430	734	315	587	778	122	755	387	194	946	87	807	614	278	896	16	333	573	476	684	1001	153
565	325	8	888	145	993	676	468	954	202	395	763	286	622	815	95	726	422	231	919	114	770	579	307	857	41	364	540	509	653	976	192
833	49	372	516	485	661	984	168	718	446	255	911	106	794	603	299	930	210	403	739	262	630	823	71	557	346	32	880	137	1017	700	460
872	24	341	549	452	692	1009	129	747	411	218	938	79	831	638	270	903	247	438	710	291	595	786	98	524	380	57	841	176	992	669	493
782	126	319	591	426	730	923	235	641	497	180	964	37	853	536	360	1005	157	480	688	329	569	892	12	610	274	83	803	198	950	759	391
811	91	282	618	399	767	958	206	680	472	149	997	4	884	561	312	972	188	505	649	368	544	861	45	583	311	118	774	227	915	722	418
716	444	249	905	112	800	605	301	839	55	374	518	483	659	978	162	555	347	26	874	143	1023	702	462	936	216	405	741	260	628	817	65
749	413	224	944	73	825	636	268	866	18	339	547	454	694	1015	135	526	382	63	847	170	986	667	491	897	241	436	708	293	597	792	104
647	503	182	966	35	851	530	354	780	124	313	585	432	736	925	237	616	280	85	805	196	948	753	385	1003	255	474	682	335	575	894	14
674	466	147	995	6	886	567	327	813	93	288	624	393	761	956	204	577	305	116	772	229	917	728	424	974	190	511	655	362	538	859	43
463	703	1022	142	875	27	346	554	68	820	625	257	744	408	213	933	304	608	797	109	908	252	441	713	163	979	658	482	519	375	54	838
490	666	987	171	846	62	383	527	101	789	600	296	705	433	244	900	265	633	828	76	941	221	416	752	134	1014	695	455	546	338	19	867
388	756	945	193	808	88	277	613	15	895	574	334	683	475	154	1002	355	531	850	34	967	183	502	646	240	928	733	429	588	316	212	777
421	725	920	232	769	113	308	580	42	858	539	363	654	510	191	975	326	566	887	7	994	146	467	675	201	953	764	396	621	285	96	816
70	822	631	263	738	402	211	931	457	697	1020	140	877	29	352	560	165	981	664	488	513	369	52	836	298	602	795	107	910	254	447	719
99	787	594	290	711	439	246	902	496	672	989	173	844	60	377	521	132	1012	689	449	552	344	21	869	271	639	830	78	939	219	410	746
9	889	572	332	685	477	160	1008	390	758	951	199	802	82	275	611	234	922	731	427	590	318	127	783	357	533	856	40	961	177	500	644
48	864	541	365	652	508	185	969	419	723	914	226	775	119	310	582	207	959	766	398	619	283	90	810	324	564	881	1	1000	152	469	677

图 7-29　32 阶的三次幻方

[一次和 $S_1 = 16400$，二次（平方）和 $S_2 = 11201200$，三次（立方）和 $S_3 = 8606720000$]

1	511	510	4	25	487	486	28
8	506	507	5	32	482	483	29
508	6	7	505	484	30	31	481
509	3	2	512	485	27	26	488
236	278	279	233	244	270	271	241
237	275	274	240	245	267	266	248
273	239	238	276	265	247	246	268
280	234	235	277	272	242	243	269

C_1

129	383	382	132	153	359	358	156
136	378	379	133	160	354	355	157
380	134	135	377	356	158	159	353
381	131	130	384	357	155	154	360
108	406	407	105	116	398	399	113
109	403	402	112	117	395	394	120
401	111	110	404	393	119	118	369
408	106	107	405	400	114	115	397

C_2

461	51	50	464	469	43	42	472
460	54	55	457	468	46	47	465
56	458	459	53	48	466	467	45
49	463	462	52	41	471	470	44
296	218	219	293	320	194	195	317
289	223	222	292	313	199	198	316
221	291	290	224	197	315	314	200
220	294	295	217	196	318	319	193

C_3

333	179	178	336	341	171	170	344
332	182	183	329	340	174	175	337
184	330	331	181	176	338	339	173
177	335	334	180	169	343	342	172
424	90	91	421	448	66	67	445
417	95	94	420	441	71	70	444
93	419	418	96	69	443	442	72
92	422	423	89	68	446	447	65

C_4

440	74	75	437	432	82	83	429
433	79	78	436	425	87	86	428
77	435	434	80	85	427	426	88
76	438	439	73	84	430	431	81
349	163	162	352	325	187	186	328
348	166	167	345	324	190	191	321
168	346	347	165	192	322	323	189
161	351	350	164	185	327	326	188

C_5

312	202	203	309	304	210	211	301
305	207	206	308	297	215	214	300
205	307	306	208	213	299	298	216
204	310	311	201	212	302	303	209
477	35	34	480	453	59	58	456
476	38	39	473	452	62	63	449
40	474	475	37	64	450	451	61
33	479	478	36	57	455	454	60

C_6

124	390	391	121	100	414	415	97
125	387	386	128	101	411	410	104
385	127	126	388	409	103	102	412
392	122	123	389	416	98	99	413
145	367	366	148	137	375	374	140
152	362	363	149	144	370	371	141
364	150	151	361	372	142	143	369
365	147	146	368	373	139	138	376

C_7

252	262	263	249	228	286	287	225
253	259	258	256	229	283	282	232
257	254	255	260	281	231	230	284
264	250	251	261	288	226	227	285
17	495	494	20	9	503	502	12
24	490	491	21	16	498	499	13
492	22	23	489	500	14	15	497
493	19	18	496	501	11	10	504

C_8

图 7-30　8 阶立体幻方

（20 世纪 90 年代初，常州大学青年数学家徐明华构成 8n 阶立体幻方，以上只是 $n=1$ 的情况．）

7.4　棋盘的覆盖

　　用多米诺（domino）牌覆盖棋盘的游戏，乍看上去似乎不太有趣．但是其思考的方式却颇为奇特．费雪尔（Fischer）居然推导出一个含有三角函数的一般公式，该问题等价于分子物理中的二聚物问题．它起源于表面上双原子的分子（二聚物）吸收作用的研究，棋盘上的方格相当于分子，多米诺牌相当于二聚物．

　　考虑 8 行 8 列的国际象棋盘，而多米诺牌有点像我国民间的麻将牌（也可等价地将之设想为扑克牌）．假设每一块牌恰好能覆盖棋盘的两个相邻的方格，能不能用 32 块牌把棋盘的所有方格都覆盖住呢？显然，这是一个十分容易的问题．

现在我们逐渐变化问题.考虑 m 行 n 列的棋盘,代替 8×8 的国际象棋盘,这时完全覆盖就未必存在.事实上,对于 3×3 棋盘就不存在完全覆盖. $m \times n$ 棋盘有完全覆盖的必要条件是 m 和 n 中至少有一个为偶数.读者可进一步证明,这个条件也是充分的.

让我们继续考虑 m 和 n 均为奇数的 $m \times n$ 棋盘,如果剪去一个方格,得到的残缺棋盘能不能被完全覆盖?

读者也许会想, m 和 n 为奇数,剪去一个方格所得的残缺棋盘必有偶数个方格,故一定有完全覆盖.这样的思路正确吗?

最好的办法是考虑简单的实例,让我们观察图 7-31. 显然,图 7-31 中的(c)是有完全覆盖的,而(d)却不能被完全覆盖. 在图 7-31 中,我们把棋盘涂上黑白两种颜色,而且总是让白色方格数不少于黑色方格数,这种做法将提供很大的启示.

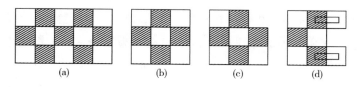

图 7-31

这是怎么一回事呢?原来任何一块多米诺牌只能(也必须)覆盖一白一黑相邻的两个方格.因此,被剪去的方格如果是黑色的,就不可能有完全覆盖.白色格子数和黑色格子数相等,是存在完全覆盖的必要条件,这是容易理解的.但是这个条件也是充分的.

定理 2　对 m,n 均为奇数的 $m \times n$ 棋盘,任意剪去一个白色方格,则残缺棋盘(白格和黑格数目相同)必可被完全覆盖,否则没有完全覆盖.

数学上可以用 0-1 矩阵 $\boldsymbol{A}$ 与 $m \times n$ 棋盘 1-1 对应:

$$\boldsymbol{A} = (a_{ij}), \quad a_{ij} = \begin{cases} 0, i+j = 偶数 \\ 1, i+j = 奇数 \end{cases}$$

$a_{ij} = 0$ 表示 i 行 j 列处的方格为白色的.而当 $a_{ij} = 1$ 时,表示 i 行 j 列处的方格是黑色的,其中 $i = 1,2,\cdots,m$;, $j = 1,2,\cdots,n$ (图 7-32).

现在任意剪去一块白色方格 (i,j) , $i+j =$ 偶数.对于 i,j 只有两种可能: i,j 皆为奇数与 i,j 皆为偶数.所以我们只需分别在这两种情况下证明有完全覆盖.

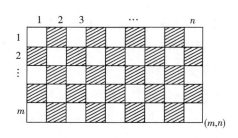

图 7-32

（1）若 i,j 皆为奇数，则第 i 行本身由 $(n-1)$ 个方格构成，$n-1=$ 偶数，所以第 i 行可以被完全覆盖；而 $m \times n$ 棋盘裁去第 i 行后至多还有两块，一块是 $(i-1) \times n$ 棋盘，$i-1=$ 偶数；另一块是 $(m-i) \times n$ 棋盘，$m-i=$ 偶数。所以这两块分别都有完全覆盖（可能 $i=1$，也可能 $m=i$），于是结论成立。

（2）若 i,j 皆为偶数 $(i \geqslant 2, j \geqslant 2)$，情况稍稍复杂一点。但是我们可以想出简化办法。由于 m 和 n 都是奇数，所以 $m>i \geqslant 2, n>j \geqslant 2$。我们总可把所剪去的那块白方格适当地看为某块 3×3 棋盘里的一格，而使原来的大棋盘根据它所划分成的几块小棋盘成为 $m_1 \times n_1$，$\cdots$，$m_k \times n_k$ 的，而 m_1, n_1 中至少有一个为偶数，$\cdots$，m_k, n_k 中至少有一个为偶数；于是每块小棋盘都可完全覆盖（图 7-33）。

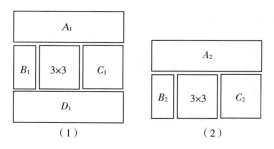

（1）　　　　　　　　　　（2）

图 7-33

图 7-33 表示所剪去的白色格子在某个适当挑选的 3×3 方块中，总可假设这个方块的右下顶点在 $(3,3)$，$(5,3)$，$(7,3)$，$\cdots$，$(m,3)$，$(3,5)$，$(5,5)$，$(7,5)$，$\cdots$，$(m,5)$，$(3,7)$，$(5,7)$，$\cdots$，$(m,7)$，$\cdots$，(m,n) 中选取（图 7-32）。当右下顶点确定时，这个 3×3 的方块位置也就确定了。划分开的 $A_1, B_1, \cdots, C_2$ 都能完全覆盖，于是问题归结到 3×3 棋盘剪去一个白格（剩下 4 白 4 黑）能否完全覆盖？

在图 7-31(c) 中可看出，如果白格在角上被剪去，则能被完全覆盖;还有一种本质不同的情况,如果中心的白格被剪去,这时仍能被完全覆盖.至此,定理 2 就被完整地证明了.

　　读者不妨把定理 2 的前前后后再仔细思索一番.如果您觉得证明的思路是那么简单清晰,我们就要祝贺您,您已具有相当的数学修养!如果您觉得以上的证明十分拙劣和别扭,那也是好事,干脆按您的思路去找另一种证法,或者您觉得我们的证明中某些地方使您不满意,有些地方我们并没有详细证明.正是这样,我们也并不认为自己的证明思路是最优的,叙述的方式也可能存在缺点,所以我们真诚地欢迎读者提出新的证明或另一种形式的叙述方法.我们的目的是希望和读者一起努力,使数学得以普及和提高.

　　有一个相传的迷宫故事:一位勇士依靠公主赠的一只线团深入迷宫后又正确地返回出口.类似又有一个故事:假设一所监狱有 64 个囚室,排列为 8×8 间,相邻囚室之间皆有门相通.看守长告诉关押在一个角落的囚犯,如果他能不重复地走过每间囚室而到达对角的囚室,则他将可获得自由.问这个囚犯能获得自由吗?

　　如图 7-34 所示,假设囚犯被关押在 $(1,1)$,而他的目标是不重复地历经各室最终到达 $(8,8)$,这是不可能的.如果我们把从一室进入相邻一室称作"走一步",则如能到达目的地,必须走 63 步.于是,我们可以借助"奇偶性检验"来进行证明.从 (i,j) 走一步到达 (i^*,j^*) 记为 $(i,j) \rightarrow (i^*,j^*)$.显然,应该有关系式 $|i-i^*|+|j-j^*|=1$,也就是说 $(i+j)$ 与 (i^*+j^*) 的奇偶性不同.而出发点 $(1,1)$ 属于"偶性点",终点 $(8,8)$ 也是偶性点,经过 63 步,要从偶性点走到偶性点是绝不可能的.所以没有一个囚犯能获得自由.如果一个善良无辜的囚犯被看守长的女儿爱上,姑娘会要求她的父亲再加一排囚室,成为 8×9 $= 72$ 间囚室,这样就巧妙地营救了她的情人.

(1,1)	(1,2)	(1,3)					
(2,1)	(2,2)	(2,3)					
							(8,8)

图 7-34

　　我们仅极其简单地介绍了棋盘的完全覆盖问题.第一基本问题当

然是能否完全覆盖;第二基本问题就是有多少种不同的完全覆盖,而本质不同的覆盖又有多少种?还有如何具体去构造出完全覆盖?这些都是饶有趣味的问题.一般的研究过于艰深,有兴趣的读者日后可去钻研有关组合数学的书籍.

让我们从较简单的 $2\times n$ 棋盘开始.以 $f(n)$ 表示 $2\times n$ 棋盘的不同的完全覆盖的种数.先算出 $f(1),f(2),f(3),f(4),f(5)$,并由之推出关系式,再计算 $f(12)$.

$f(1)=1,f(2)=2$,是十分明显的.再考查 $f(3)$,如图 7-35 所示.

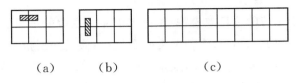

(a)   (b)   (c)

图 7-35

左上角的那个格子记为 $(1,1)$,要盖住 $(1,1)$ 只有两种不同方法,图 7-35(a) 表示用一块多米诺牌去盖住 $(1,1)$ 和 $(1,2)$,这样盖的话,往后的盖法完全确定了.图 7-35(b) 表示用多米诺牌盖 $(1,1)$ 和 $(2,1)$,剩下来的覆盖问题就是 $f(2)$ 的问题了,而 $f(2)=2$.因此,$f(3)=1+f(2)=f(1)+f(2)=3$.往下可以继续考查 $f(4)$ 和 $f(5)$,得到:

$$f(4)=f(2)+f(3)=2+3=5$$
$$f(5)=f(3)+f(4)=3+5=8$$

也可以直接考虑 $f(n),n\geqslant 3$.假设图 7-35(c) 是一张 $2\times n$ 的棋盘,用完全相同的思路,要盖住 $(1,1)$ 只有两种不同的方法,如盖 $(1,1)$ 和 $(2,1)$,剩下的 $2\times(n-1)$ 棋盘有 $f(n-1)$ 种不同的盖法;如盖 $(1,1)$ 和 $(1,2)$,则 $(2,1)$ 和 $(2,2)$ 必须用一块多米诺牌去盖,剩下的棋盘覆盖总数就为 $f(n-2)$.所以

$$f(n)=f(n-2)+f(n-1)$$

这是著名 Fibonacci 数列的递推关系式,是一个特殊的二阶循环数列,有许多方法可以导出它的通项公式:

$$f(n)=\frac{1}{\sqrt{5}}\left[\left(\frac{1+\sqrt{5}}{2}\right)^{n+1}-\left(\frac{1-\sqrt{5}}{2}\right)^{n+1}\right]$$

于是我们有两种方法计算 $f(12)$,而我们觉得用循环关系(递推关系

的一种类型）比较方便（表 7-7）：

表 7-7

n	1	2	3	4	5	6	7	8	9	10	11	12
$f(n)$	1	2	3	5	8	13	21	34	55	89	144	233

让我们再具体地计算 3×4 棋盘的一切完全覆盖的个数，以窥一斑. 了解一点计算 8×8 棋盘上不同完全覆盖的个数问题将是何等耐人寻味！

如图 7-36 所示，我们可仍从考虑 $(1,1)$ 的覆盖情况下手. 显然，盖 $(1,1)$ 只有两种方法：

（A）把 $(1,1)$ 和 $(1,2)$ 盖住；

（B）把 $(1,1)$ 和 $(2,1)$ 盖住.

所以我们只需分别就两种情况进一步研究.

（A）当把 $(1,1)$，$(1,2)$ 盖好后，$(1,3)$ 还有两种盖法. 如果用 (A-1) 所示的盖法，剩下的棋盘为 2×4，故有 $f(4)=5$ 种盖法. 如果用 (A-2) 所示的盖法，则 $(1,4)$—$(2,4)$ 和 $(3,3)$—$(3,4)$ 的盖法也不可更动，留下的棋盘为 2×2 的，故有 $f(2)=2$ 种盖法. 故在这种情况下，共有 $f(4)+f(2)=7$ 种不同的盖法.

（B）如果把 $(1,1)$ 和 $(2,1)$ 盖好，则 $(3,1)$ 只能和 $(3,2)$ 一起盖住，然后再考虑 $(3,3)$ 的两种盖法. (B-1) 表示把 $(3,3)$—$(2,3)$ 盖住，留下的格子只有一种盖法了，而 (B-2) 表示把 $(3,3)$—$(3,4)$ 一同盖住，留下的问题即成为 2×3 的 $f(3)=3$ 种盖法.

由于以上的分析讨论，即可知道，3×4 棋盘的不同覆盖数目 $F(3,4)=f(1)+f(2)+f(3)+f(4)=11$.

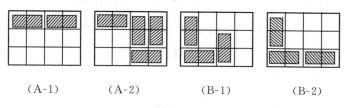

（A-1）　　　（A-2）　　　（B-1）　　　（B-2）

图 7-36

我们花了不太多的篇幅，总算解决了 $F(3,4)$ 之值的问题，如果要求计算 $3\times n$ 棋盘的所有覆盖总数 $F(3,n)$，看来就不是太容易了［当然，n 为奇数时必定 $F(3,n)=0$］. 有理由去设想 8×8 棋盘的不同覆盖数 $F(8,8)$ 的计算将会困难得多. 但是，这个问题还是被解决了. 在

1961 年,费雪尔发现 $F(8,8) = 12988816 = 2^4 \times 901^2$,这个结果发表在 1961 年的《物理评论》上.

残缺棋盘有完全覆盖的必要条件是白色格子和黑色格子有相同的数目.利用这个简单的判别法,便可很容易地回答下面的问题.

考虑一个 8×8 棋盘,用剪刀剪去对角的两个方格,留下 62 个方格.能不能用 31 块多米诺牌完全覆盖这个残缺棋盘呢?

对于 8×8 棋盘,存在将近 1300 万种完全覆盖的方法.可是,对于以上那个残缺棋盘却不存在完全覆盖.

这里,读者应注意,如果一个残缺棋盘的白色格子和黑色格子一样多,尚不能保证存在完全覆盖.请观察图 7-37(4×6 棋盘中剪去四块).

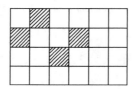

图 7-37

7.5 鸽笼原理

本节我们介绍一个重要的、又是基本的组合原理,它可以用来解决各种有趣的问题,常常能得出一些令人惊异的结果.这个原理有许多名称,最常用的是"鸽笼原理""狄利克雷(Dirichlet)抽屉原理"或"鞋盒原理".

鸽笼原理的简单形式:如果要把 $n+1$ 只鸽子(或更多鸽子)放进 n 个笼子,则至少有一个笼子里的鸽子数目大于或等于 2.

这是十分浅显的一条原理,难道有什么大用处?要注意,鸽笼原理不能回答究竟是哪个笼子里有两只或更多的鸽子.若要知道是哪个笼子里有两只或更多的鸽子,只能逐个检查各个笼子(当然,如果检查了 $n-1$ 个笼子,则最后那个笼子就不必再检查了).因此,鸽笼原理只能用来证明某种情况的存在性.

为了解决更多的问题,常需要应用鸽笼原理的加强形式.

鸽笼原理的加强形式:设 $q_1, q_2, \cdots, q_n$ 是正整数.如果把 $S = q_1 + q_2 + \cdots + q_n + 1 - n$ 只鸽子放进 n 个笼子里,设第 i 号笼子里的鸽子数

目为 $a_i(i=1,2,\cdots,n)$，则下列 n 个不等式中至少要成立一个：$a_1 \geqslant q_1, a_2 \geqslant q_2, \cdots, a_n \geqslant q_n.$

也就是说，n 个不等式 $a_1 \leqslant q_1-1, a_2 \leqslant q_2-1, \cdots, a_n \leqslant q_n-1$ 一起成立是不可能的，这只要注意到 $S=a_1+a_2+\cdots+a_n=q_1+q_2+\cdots+q_n+1-n$ 即可明白.

鸽笼原理的重要而且深刻的推广被称为拉姆赛(F. P. Ramsey)定理. 它是英国逻辑学家拉姆赛在 1930 年提出的. 它已成为现代组合数学中的一条重要定理. 近年来随着图论和计算机的发展，愈来愈显示出它的广泛应用前景. 拉姆赛定理只是保证了拉姆赛数的存在性. 在组合数学里面，拉姆赛数具有极其深刻的意义. 但是定理没有指出求拉姆赛数的方法. 具体寻求拉姆赛数是一件极其艰难的事情. 迄今为止，数学家只知道很少几个拉姆赛数.

现在让我们一同来看看鸽笼原理的有趣应用.

应用一　在一个边长为 1 的正三角形内最多能找到几个点，而使这些点彼此间距离大于 $\frac{1}{2}$？进一步问：如果要使距离大于 $\frac{1}{3}$（一般 $\frac{1}{n}$），最多能有多少个点呢？

这个问题用通常的思考方法会遇到困难. 因为在要求距离大于 $\frac{1}{2}$ 的条件下，试图从正面去找出点的最大数目，尚可试试.

以正三角形的三顶点 A、B、C 为中心，分别作半径为 $\frac{1}{2}$ 的圆弧，把 $\triangle ABC$ 划分为四块 S_1, S_2, S_3 和 S_4，如图 7-38 所示. 可以在每一块中各取一点，使这四点中任何两不同点之间的距离大于 $\frac{1}{2}$；如果在 $\triangle ABC$ 中任取五个不同的点或更多的点，则根据鸽笼原理，在 S_1、S_2、S_3、S_4 四块里至少有一块要包含两个或更多的点，它们之间的距离 $\leqslant \frac{1}{2}$，所以答案是最多只能找到四个点.

如果要使点之间的距离大于 $\frac{1}{3}$，最多点数的求法就稍稍困难了，如图 7-39 所示.

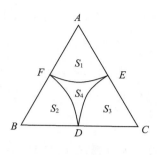

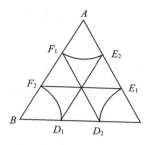

图 7-38   图 7-39

我们不妨改换思维方法,想一想与之可能有关的问题.考虑这样一个问题:把边长为 1 的正三角形划分为边长为 $\frac{1}{n}$ 的小正三角形,能得到多少个小的正三角形呢?

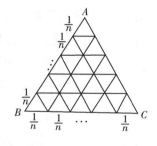

图 7-40

这个问题就较为容易,参看图 7-40.直接计数这些小三角形的个数,或者考虑边长的平方与面积成比例,都能求得,共有 n^2 个小三角形.

如果两个点落在同一个小三角形里,则这两点之间的距离必 $\leqslant \frac{1}{n}$(即使这两点重合,结论仍成立).结合鸽笼原理(对 $n=2$ 和 $n=3$ 的情况)得到:在边长为 1 的正三角形 ABC 之内,最多只能有四点,它们彼此之间的距离大于 $\frac{1}{2}$;而确实能找出四点,例如三个顶点与 $\triangle ABC$ 的中心,这样的四个点即能满足条件.但是,对于 $n=3$ 的情况,至此我们只证明了最多点数 $\leqslant 9$,是否确实存在满足条件的 9 个点呢?

拉姆赛定理比较复杂,我们就其极特殊的情况来讨论一番.它有许多等价的叙述法.

应用二 《美国数学月刊》上介绍过一道趣味题:在任意 6 个不同的人中间,总有 3 个(或更多的)人是互相熟悉的或者至少有 3 个人互相不熟悉.(假设不存在如下情况:A 熟悉 B 而 B 不熟悉 A.)

乍看上去十分奇怪,这也是数学问题吗?这个命题似乎不太复杂.如果想出巧妙的方法,可以得到一个非常漂亮的证明.在证明之前,先请读者想想,题中的 6 和 3 这两个数字是怎么知道的?如果改为 5 个人,又怎样?

假设用 A、B、C、D、E、F 代表 6 个不同的人. 我们可以从不同的角度来观察这个问题. 例如可以考虑每对不同的人是否互相熟悉,那么,由组合公式 $C_6^2 = \dfrac{6 \cdot 5}{1 \cdot 2} = 15$,算出共有 15 对. 再考虑每对人之间既可互相熟悉,又可互相不熟悉,于是算出共有 $2^{15} = 32\ 768$ 种情况,这样似乎太烦琐. 倘若考虑三个不同的人组成的集合个数,则也可算得有 $C_6^3 = \dfrac{6 \cdot 5 \cdot 4}{3!} = 20$,即共有 20 种不同的三人组,再去考虑每个组里的三个人是否互相都熟悉或者两两不熟悉,看来还是比较麻烦.

六个人竟引出这样一个难题,因为各种情况搭配起来,产生很多可能性,想逐一检验就十分冗长乏味. 为了对上一段所述内容作一些注释,我们列出一个 6×6 的方阵,见表 7-8.

表 7-8

	A	B	C	D	E	F
A	▨					
B		▨				
C			▨			
D				▨		
E					▨	
F						▨

在表 7-8 中,从左上到右下的主对角线上的空缺表示不考虑自己与自己是否熟悉的问题,而只考虑任何两个不同人之间是否熟悉,这个方阵还有 30 个空格. 又因为熟悉与不熟悉都是互相的,所以例如 A 与 E 或 E 与 A 应有相同关系,倘若我们用 0 表示互相不熟悉,用 1 表示互相熟悉,则表 7-8 应该用 0,1 填入 30 个空格中,并且还应满足对称性. 如果用矩阵论中的记法,第 i 行、第 j 列处的元素 a_{ij} 为 0 或 1,a_{ii} 无定义,并且 $a_{ij} = a_{ji}(i,j = 1,2,\cdots,6)$. 于是,实际上,六个人 A,B,$\cdots$,F 之间的熟悉关系可由表 7-8 中主对角线之上的 15 个 $a_{ij}(i < j)$ 所完全决定. 在这 15 格内填入 0 或 1 的各种不同方法总共为 $2^{15} = 32\ 768$ 种.

如果我们试图从这些情况中逐一检查,再考虑 20 个不同的三人组,那自然十分麻烦了.

所以我们被迫另辟蹊径,必须设法想出一个巧妙的办法. 但是,无论如何,上面的那些想法虽然没能解决问题,却还是帮助我们具体领会一下,这个问题还是有一定难度的.

作者在遇到这个问题之前,还没有学过图论. 因为数学同行知道我喜欢搞搞数学游戏,就介绍了这道趣味题目. 当初似乎觉得本题不难,大致采用了如上的思考方式,发觉这道题很有滋味.动了一番脑筋,居然找到一种巧妙的证明,真是高兴,好像是自己独立发现的.其实,逻辑学、图论中早已解决了更为一般的问题.本题只是拉姆赛定理的极特殊且极简单的具体翻译而已.

现在我们用图论方法,以 A、B、C、D、E、F 六个不同点代表这六个人.倘使两个不同的人互相熟悉,就用红颜色线段联结起来(画实线),而当两人互不熟悉时,就用蓝颜色线段联结起来(画虚线),参看图 7-41.

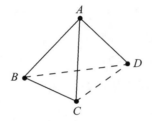

图 7-41

考虑点 A,它应与 B、C、D、E、F 连出五根线段.根据鸽笼原理,五条边 AB、AC、AD、AE、AF 中至少有三条边要有相同颜色.不失一般性,可设 AB、AC、AD 都是红色的(AE、AF 已无须再画出).

现在只需考虑四个点 A、B、C、D.如果 BC、CD、DB 三条边中至少出现一条红边的话,例如 BC 是红边,则 A、B、C 三人是互相熟悉的.如果 BC、CD、DB 三边都是蓝色的,则 B、C、D 三人互不熟悉.

至此,证明已经完成.

这个证明,可以说是相当简捷明了的.初中学生都能接受.其关键之处竟是如此简单的鸽笼原理:用红、蓝两种颜色涂五条边 AB、AC、AD、AE、AF,每条边必须涂一种颜色也只能涂一种颜色,则至少有三条边被涂上同一种颜色.这对全问题的解决起了决定性的作用,随后只是一些枝节性的技术处理.

本题还有另外形式的表述.先介绍完全图 K_n.它有 n 个不同顶点,每两个不同点之间都连一条边且只连一条边.比如 K_6 可以看作一个正六边形,连同它的所有对角线(图 7-42),共有 15 条线段,如果用红蓝两种颜色对边涂色,每条线段只涂一种颜色,则不论怎样涂法,至少有三条同色的线段能构成一个三角形.图 7-42 当然只是一种涂色法的示意,例如实线代表红色边,虚线代表蓝色线段.

图 7-43 说明如果把上述"应用二"中之 6 个人的条件换成 5 个人,就不能保证类似的结论成立.用初等几何的语言,可以这样表述:设 A、B、C、D、E 五个不同的点中无三点共线,任意两个不同点可连一条线段,总共有 $C_5^2 = 10$ 条线段.如果用红和蓝两种颜色涂到各线段上去,每条线段涂且只涂一种颜色,则至少存在一种涂色法,使得同色三边形不存在.而图论表达法为:对完全图 K_5 的 10 条不同边用红、蓝两种颜色着色,每条边着一种颜色且只着一种颜色,则存在着这样的着色法,使其中不出现同色三边形.

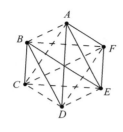

图 7-42　　　　　　　　图 7-43

现在让我们再举一个"圆盘游戏",看看鸽笼原理的威力.

应用三　　设有大、小两个圆盘,每个圆盘都分成 200 个相等的扇形.在大圆盘上任意选定 100 个扇形并用红色涂上;另外 100 个扇形用蓝色涂上.在小圆盘的每个扇形里涂红色或蓝色不限,但每一块必须涂一种颜色.然后把小圆盘放在大圆盘上,使它们的中心重合.则可以证明,总可调整(旋转)它们的位置,使得两圆盘相对应的扇形中至少有 100 对扇形是同样颜色的.

在正式开始考虑解题方法之前,我们最好认真领会一下题意.多数学生容易犯的错误往往是审题不严,还没有弄清题目,就急于着手去解题.不妨再把题目仔细读几遍,原题要把各圆盘分成 200 等分的扇形,这个数字太大,不便画图和思考,是否可先弄一个大大简化的模型,把数目缩小一点试试.比如图 7-44 里,我们把大小圆盘都划分为 6 个 相等的扇形,并且把大圆盘的 3 个扇形涂上红色(标以 R),另外 3 个扇形涂上蓝色(标以 B);对小圆盘的每个扇形任意涂上红色或蓝色,每一扇形只能涂一种颜色,并把小圆盘放到大圆盘之上.在图 7-44 里,小圆盘上只标出了两个扇形的涂色法,红色的那一块与大盘上相

应的那块颜色相同（记以 R），而用 B 标记的那块蓝
的小扇形与大盘上相应的那块颜色相异. 在题设条
件下，小盘上另外 4 块扇形的涂色法很多，但不管怎
样涂法，一旦涂色完成后，总可调整（不妨设大盘不
动，小盘可像餐桌上的转盘那样旋转）它们的位置，
使至少有 3 对相应的扇形颜色相同. 要注意，图 7-44

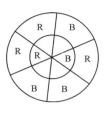

图 7-44

已选定了大盘的一种着色法. 如果要用枚举法，就应该列举大盘的各
种可能的着色法，还要结合小盘上的各种着色法，这样搭配起来，几乎
无法再往下进展. 看来又得想新办法. 但是上面那些思考和探讨仍是
有益的，至少能使我们领会一下情况多么复杂啊. 另外，有了上面那番
思索，已使我们对问题体会得深刻多了，仿佛有了一个具体的模型. 如
果我们再想出新办法，从另一处进行探索，也可防止思维上的疏忽遗
漏. 总而言之，我们觉得，如果心中对问题有了一个具体的数学模型的
话，不但可以防止疏忽，常常还会启发出好的解法.

上面只是举一个小例子，把圆盘 6 等分似乎仍太烦琐，再缩为 4 个
扇形又如何？这时枚举法就可以更简化了. 当然，这也是一种探索法.
通过这些，可积累经验，增加直观认识，读者不妨试试.

现在我们回到原题. 把大小圆盘各划分为 200 个相等扇形，从大
盘上的 200 个扇形中选出 100 个来，有多少种选法？这个数目大得惊
人. 易知大盘上的涂色法有 $w_1 = C_{200}^{100}$ 种，小盘上的涂色法有 $w_2 = 2^{200}$
种，所以两个盘搭配情况有 $w = w_1 \times w_2 = C_{200}^{100} \times 2^{200}$ 种. 要证明在每
种情况下，都可以通过旋转小圆盘，把两个圆盘的位置进行调整，使得
相对应的扇形中至少有 100 对的颜色相同，看来用枚举法是不可
能的.

下面我们使用鸽笼原理，并以较详尽的解释来叙述，而不使用极
简练的数学公式和语言，这样可方便读者理解问题.

不妨认为大圆盘固定不动，而小圆盘可以旋转出 200 个不同位
置，如图 7-45 所示，代表小圆盘上的第 K 号扇形对准大圆盘的第 1 号
扇形. 注意，小圆盘上每块扇形用 $K, K+1, \cdots, K+199$ 中的一个来
记. 其实应按模 200 的加法来理解，也即如果加得的和数超过 200 的
话，就应舍去 200，例如 $49 + 160 \equiv 209 \equiv 9 (\mathrm{mod}\ 200)$.

首先,对上面的表示法要有具体且深刻
的体会.这还不够,我们还需想出较好的数
学描述法,使它非常简捷明白,以便更进一
步的思考.图 7-45 只表示大小圆盘的一种
相对位置,而总共却有 200 种不同的位置.
我们想在更高的层次上去整体考查这个问
题.打个比方,本来我们只是在地面上去观
察,现在我们要登上高山或坐上飞机,从高
处来考查了.

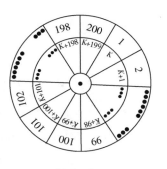

图 7-45

　　图 7-45 所示的情况对应表 7-9 的第 K 列,即小圆盘的 K 号扇形对
准大圆盘的 1 号扇形.其余扇形号码的对应,可以从图 7-45 或表 7-9
的第 K 列上看出,A_K 表示图 7-45 的情况下大、小圆盘上扇形颜色相
同的对数($K = 1,2,\cdots,200$).

表 7-9

小盘 \ 大盘	1	2	$\cdots$	K	$\cdots$	199	200	
1	1	2	$\cdots$	K	$\cdots$	199	200	
2	2	3	$\cdots$	$K+1$		200	1	
$\vdots$	$\vdots$	$\vdots$		$\vdots$		$\vdots$	$\vdots$	
j	j	$j+1$	$\cdots$	$K+j-1$	$\cdots$	$198+j$	$199+j$	
$\vdots$	$\vdots$	$\vdots$		$\vdots$		$\vdots$	$\vdots$	
199	199	200	$\cdots$	$K+198$		197	198	
200	200	1	$\cdots$	$K+199$		198	199	
	A_1	A_2	$\cdots$	A_K		A_{199}	A_{200}	20000

　　在表 7-9 里有 200 个竖列,对应小圆盘旋转而得的 200 个位置,每
列下面的 A_K 就是当小圆盘上的第 K 号扇形对准大圆盘上第 1 号扇形
时,大、小圆盘上对应扇形有相同颜色的对数.于是,本题就是要我们
证明:在 $A_1,A_2,\cdots,A_{200}$ 中至少有一个大于或等于 100.
　　注意表 7-9,它是一个 200×200 的拉丁方,或说 200 阶的拉丁方:
它的每一行或每一列都由 $1,2,\cdots,200$ 的一个全排列所构成.用
表 7-9,我们可以作出一个 200 阶的方阵 $A = (a_{jK})$.它的第 K 列元素
a_{jK} 确定方法如下:设小圆盘上第 K 号扇形对准大圆盘上第 1 号扇形,
其余扇形的对应关系也就都确定了.$a_{jK} = 1$ 表示大圆盘上第 j 号扇形
与小圆盘上相应扇形有相同颜色,而 $a_{jK} = 0$ 表示这两个圆盘相对应

的大小扇形颜色相异. 于是,

$$A_K = \sum_{j=1}^{200} a_{jK} = a_{1K} + a_{2K} + \cdots + a_{200K}$$

现在我们从另一方面来看方阵 $A = (a_{jK})$. 因为表 7-9 的 200 个列, 表示小圆盘旋转的 200 个位置, 所以小圆盘上的第 1 号扇形与大圆盘上的每个扇形都遇上过一次. 按题设条件, 大圆盘上有 100 个红扇形和 100 个蓝扇形, 所以不论第 1 号小扇形上涂的是红色还是蓝色, 有 100 次遇上相同颜色的情况, 也就是说, 在表 7-9 中出现 200 个 1 的位置 (由 j, K 决定) 上, 恰有 100 个表示颜色相同. 把这些话转移到方阵 A 上, 可以这样说: 考虑到小圆盘上第 1 号扇形的 200 个位置和方阵 A 的构作法, 表 7-9 里 200 个 1 的位置中恰有 100 个位置对应的 $a_{jK} = 1$. 同样的理由, 可以分别考虑小圆盘的第 2 号、第 3 号、… 直至第 200 号小扇形. 所以我们可以明白, 在 $A = (a_{jK})$ 中恰有 $200 \times 100 = 20000$ 个 1, 或写为 $\sum_{i,K} a_{iK} = 20000$. 另一方面, $A_K = \sum_{j=1}^{200} a_{jK}$, 所以 $\sum_{K=1}^{200} A_K = 20000$. 最后, 应用鸽笼原理, 即可推出: $A_1, A_2, \cdots, A_{200}$ 中至少有一个大于或等于 100.

上面我们用了很多篇幅来讨论, 或许有些读者不是很满意. 这正是我们十分期望的. 希望读者重新用简捷的方法去进行证明和叙述. 我们之所以花那么多笔墨, 只是想向大家略微显示一下, 在我们具体探索过程中, 常常会显得很笨拙. 许多时候, 很简单的事情却处理得非常复杂. 然而, 数学家虽然用了笨办法解决了问题, 他还必须有能力重新组织整理, 最后以最简洁的形式表述出来. 大数学家高斯尤善如此. 有的数学家说他像狡猾的狐狸, 从他的证明中, 看不出他的原始思想 (据说狐狸用尾巴抹去它的足迹).

仔细再想一下, 在讨论上一个问题时, 我们没有讨论大、小圆盘上究竟具体怎样把颜色涂上去. 但是又暗中假设已照题设条件任意涂好一种颜色的方案 (可能的涂色方案总数恐怕是一个超天文数字或超宇宙数字!). 那个证明是不是一般有效? 还是只对一个特殊的涂色法才有效?

7.6　递归与兑换

国务院决定,1987 年 4 月 27 日起,在全国颁发面值为人民币伍拾元和壹佰元的新币.

壹佰圆、伍拾元、拾元、伍元、贰元和壹元共六种整数面值的纸布,由于流通的需要,兑换问题便应运而生.

我们先从简单的情况开始.问:把一张拾元的纸币兑换成若干张壹元、贰元、伍元的,共有多少种兑换法?

数学模型可如下建立:

$$10 = 5x + 2y + z \qquad (7.6.1)$$

其中 x 表示伍元的张数,y 表示贰元的张数,z 表示壹元的张数,并且它们只能取非负整数值.$\{x, y, z\}$ 就可代表一种兑换法,当 $x = u, y = v$, $z = w$ 都成立时,$\{x, y, z\}$ 和 $\{u, v, w\}$ 才是相同的兑换法,或者说是 (7.6.1) 的同一个解.

显然,在式(7.6.1) 中,x 只可能取值为 $0, 1, 2$.

当 $x = 2$ 时,必有 $y = z = 0$,所以(7.6.1) 有一个解为 $\{2, 0, 0\}$,对应一个解就有一种兑换法.

当 $x = 1$ 时,式(7.6.1) 成为

$$5 = 2y + z \qquad (7.6.2)$$

当 $y = 2$ 时,$z = 1$,得到解 $\{1, 2, 1\}$;

当 $y = 1$ 时,$z = 3$,得到解 $\{1, 1, 3\}$;

当 $y = 0$ 时,$z = 5$,得到解 $\{1, 0, 5\}$.

故(7.6.2) 有 3 个不同解,记为 $(7.6.2) \simeq 3$.

当 $x = 0$ 时,式(7.6.1) 成为

$$10 = 2y + z \qquad (7.6.3)$$

显然,y 可取的值为 $0, 1, \cdots, 5$(共 6 个),而当 y 取定后,z 值完全确定了.所以(7.6.3) 有 6 个不同解,记为 $(7.6.3) \simeq 6$.

总之,方程(7.6.1) 有 10 个不同解,记为 $(7.6.1) \simeq 10$.这 10 个解对应 10 种兑换法:$\{2, 0, 0\}$,$\{1, 2, 1\}$,$\{1, 1, 3\}$,$\{1, 0, 5\}$,$\{0, 5, 0\}$, $\{0, 4, 2\}$,$\{0, 3, 4\}$,$\{0, 2, 6\}$,$\{0, 1, 8\}$,$\{0, 0, 10\}$,并且,其中还得到副产品 $(7.6.2) \simeq 3, (7.6.3) \simeq 6$.

有时候副产品的价值超过主产品. 在数学这门精神科学中也有类似的情况.

再考虑把 20 元兑换为壹元、贰元和伍元面值纸币, 共有多少种方法呢?

$$20 = 5x + 2y + z \qquad (7.6.4)$$

我们可从考虑 x 入手. 显然, x 的取值范围为 $0,1,2,3,4$(五种):

当 $x = 4$, (7.6.4) 只有一解 $\{4,0,0\}$;

当 $x = 3$, 归为 $5 = 2y + z$, 已知 (7.6.2) $\simeq 3$;

当 $x = 2$, 归为 $10 = 2y + z$, 已知 (7.6.3) $\simeq 6$;

当 $x = 1$, 归为 $15 = 2y + z$, 可推得 (7.6.5) $\simeq 8$, 这是因为在方程

$$15 = 2y + z \qquad (7.6.5)$$

中, y 有 8 个可取的值: $0,1,2,\cdots,7$;

当 $x = 0$, 归为

$$20 = 2y + z \qquad (7.6.6)$$

同理, 可知有 11 个解, 记为 (7.6.6) $\simeq 11$.

所以, (7.6.4) 有 29 个解, 记为 (7.6.4) $\simeq 29$.

一般地, 方程 $m = 2y + z$, 当 $m \geqslant 0$ 时, 解的个数为 $1 + \left[\dfrac{m}{2}\right]$, 并可列表如下 (表 7-10):

表 7-10

$2y + z = m$ 按 m 列表 解的个数	0	5	10	15	20	25	30	35	40	45	50	55	60	65	70	75
$1 + \left[\dfrac{m}{2}\right]$	1	3	6	8	11	13	16	18	21	23	26	28	31	33	36	38

读者可以照上面的办法, 把 $m = 80$、85、90、95、100 扩充进表 7-10 里去, 以备后面应用.

现让我们小结方程 (7.6.1) 和 (7.6.4) 的一些特点.

关于 (7.6.1), 当 x 取 0、1、2 这些可能值时, 对应表 7-10 上 m 的 0、5、10 三个值, 而表 7-10 的第 2 行上的 1、3、6 即表明各种情况下, 方程的解的个数, 故 (7.6.1) 的所有解数为 $1 + 3 + 6 = 10$. 按前面的记法, 可写 (7.6.1) $\simeq 10$.

关于 (7.6.4), 用同样思考方法. 由于 x 可取 0、1、2、3、4 五个可能

值,所以对应到表 7-10 上的 m 值为 0、5、10、15、20,最后得到(7.6.4)
$\simeq 29$,其中 29 如此算得:$1+3+6+8+11=29$.

由此,得到一条规则,对于
$$5x+2y+z=M=5K \tag{7.6.7}$$
的解的个数计算问题,可以用表 7-10 得出结果:取表 7-10 下面一行的
前 $K+1$ 项相加即可($K=0,1,2,\cdots15$;而 $K=16,17,\cdots20$ 未在表
7-10 里列出,读者应为表 7-10 扩充新的 5 列).

好了,现在让我们一起求解:把一张壹佰元的纸币兑换成伍拾元、
拾元、伍元、贰元和壹元的纸币,所有的兑换方法有多少种?

或许很多人会估计,大概有几百种兑换法吧.不经过数学推导去
做估测是不容易的.在日常的现实生活中,恐怕还没有一个人真实地
用纸币去把所有兑换法逐个进行过.只有怪癖的数学爱好者才会疯疯
傻傻地在头脑里虚构出这种"实际问题".

这个问题的数学模型为
$$100=50u+10v+5x+2y+z \tag{7.6.8}$$
其中 u,v 分别代表伍拾元的和拾元的纸币的张数;x,y,z 的意义如前.
显然,u 只能取 0,1,2 三种可能.

（Ⅰ）当 $u=2$,只有一种兑换法 $\{2,0,0,0,0\}$;

（Ⅱ）当 $u=1$,(7.6.8)归为:
$$50=10v+5x+2y+z \tag{7.6.9}$$
v 有六种取值可能:5,4,3,2,1,0.

当 $v=5$,只有唯一解 $\{1,5,0,0,0\}$;

当 $v=4$,归为 $10=5x+2y+z$,即(7.6.1)$\simeq 10$;

当 $v=3$,归为 $20=5x+2y+z$,即(7.6.4)$\simeq 29$;

当 $v=2$,归为 $30=5x+2y+z$,根据表 7-10 以及求解规则,得
$1+3+6+8+11+13+16=58$ 个解;

当 $v=1$,归为 $40=5x+2y+z$,可得 97 个解;

当 $v=0$,归为 $50=5x+2y+z$,可得 146 个解;

所以,(7.6.9)有 341 个解,记为(7.6.9)$\simeq 341$.

（Ⅲ）当 $u=0$,归为
$$100=10v+5x+2y+z \tag{7.6.10}$$

显然,v 可取值为 $10,9,8,\cdots2,1,0$;当 v 值取定后,问题归到 $(7.6.7)$ 型:

$$M = 5K = 5x + 2y + z \qquad\qquad (7.6.7)$$

利用扩充 5 列的表 7-10,经过简单的运算,就可得到 $(7.6.10)$ 解的个数.我们略去计算过程,而列出一个简单的表 7-11:

表 7-11

v 取值	10	9	8	7	6	5	4	3	2	1	0
$M = 5K$	0	10	20	30	40	50	60	70	80	90	100
解的个数	1	10	29	58	97	146	205	274	353	442	541

把表 7-11 最后一行上的 11 个数字相加起来,就得到 $(7.6.10)$ 的解的个数为 2156,记为 $(7.6.10) \simeq 2156$.

最后,$(Ⅰ)$、$(Ⅱ)$、$(Ⅲ)$ 三类合起来,便得 $(7.6.8)$ 有 2498 个解:$(7.6.8) \simeq 2498$,也即壹佰元兑换法有 2498 种.你看原先的估测与正确结果究竟有多大的误差?!

这样一类的钱币兑换问题,在组合数学中以更精练的形式给予解决.我们为使预备知识不多的读者理解其思维实质,宁可用较多的篇幅来解释.我们认为这大概更接近头脑里真实思维的进程.

下面一个问题可以用来检验一下读者是否掌握了兑换问题:把壹元面值的纸币兑换为伍角、贰角、壹角、伍分、贰分和壹分的零钱,共有多少种不同的兑换法?

这个问题虽然已被许多人解过,但是我们仍然希望读者去解出它,并享受到其中的乐趣.注意,不考虑硬币和纸币的区别的话,这问题有 4 562 种兑换法!如果把硬币和纸币视作不同的话,兑换总数还要大得多哩!

7.7 同 构

我们在前面已经多次提及"同构"这个概念.九连环与梵塔之间在实物结构上可以说是完全不同的,然而我们最初注意到它们与梅尔森数 $M_n = 2^n - 1$ 的关系后,才渐渐意识到它们之间可能有同构关系."皇后"登山游戏与拣石子游戏之间也有同构关系,它们竟与一道国际奥林匹克数学竞赛题发生巧妙的"同构".利用二进制也可以同构地设计出许多新的游戏,例如猜生肖、猜姓氏和猜年龄的穿孔卡片游戏等,读者领悟其实质后还可同构地设计出其他形式的有趣的游戏.

这里我们不准备给出"同构"的严格数学定义,只打算提出,从同构的观点,可以考虑两个重要的问题:第一,已知的一些智力游戏里,哪些是同构的,或者是原理相同的;第二,利用"同构原理",是否能把一种智力游戏变换为另一种形式的智力游戏,或者利用相同的原理去设计新的游戏.例如仿照二进制,是否能用三进制、四进制再设计新的智力游戏.

下面我们举一些实例,帮助读者进一步体会"同构"的意义.

(1)在 M. 伽德纳(M. Gardner)所著的《啊哈!灵机一动》里,有"十五的技巧""井字游戏""三阶幻方"和"网络游戏"等.

① 十五的技巧

9 张卡片上分别写着 9 个数字. A 和 B 两人轮流取卡片,每人每次只取一张,不再放回;看谁手里有三张卡片上的数字之和为 15 就算得胜.试研究 A 和 B 的取卡策略(不妨假设由 A 先取).

② 井字游戏

井字划分出 9 块区域(3×3＝9 格),由 A 和 B 两人轮流去占据. A 所占的格子中用 × 作标记,B 用 ○ 去占据格子.看谁先占到三格在一条线上,就算获胜.试研究 A 和 B 的填格策略(假设 A 先开始).

③ 三阶幻方

4	9	2
3	5	7
8	1	6

这个游戏在本书前面已介绍过.要求把 1,2,3,4,5,6,7,8,9 九个数字分别填入井字形所划分的九格里,使得在一直线上的三个数字之和都相同.我们的祖先在古代就研究过幻方,并取得辉煌的成果,这是

中华民族的灿烂文化之一.《续古摘奇算法》中有"九子排列,上下对易,左右相更,四维挺出"的名句,即把形如图 7-46 中的九个数字的排列,按上下、左右对换四角挺出方法得出三阶幻方(图 7-47):

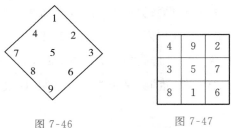

图 7-46   图 7-47

其实,用特殊化思考方法也可以较快得出解.在几何上,中心一格最有特殊性.在这个格子里,试填入九个数字的中间数"5";再考虑 1 和 9(最小数和最大数与"5"必须在同一线上),而且本质上只有两种不同填法(斜填和竖填).试后即得本质为一种的三阶幻方.

④ 网络游戏

9 条公路(用数字标记)连接 8 个城市(用斜线标记).A 和 B 两人轮流用红蓝颜色对公路涂色,每次把某一标号的公路涂上一种颜色,谁能把通向同一城市的三条公路都涂上相同颜色,就算得胜(图 7-48).

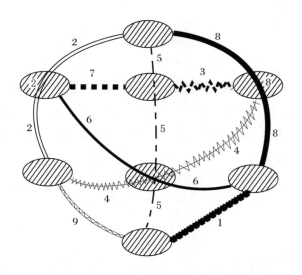

图 7-48

上面已经把公路的标号适当选定了,使得与三阶幻方的 9 个数字相对应.

　　以上四个问题在数学上是同构的. 也就是说, 只要能解决其中任何一个问题, 其他问题也就能根据同构原理相应地解决了.

　　为了说明这一点, 我们以"井字游戏"做实例分析. 请看图 7-49(参见《啊哈!灵机一动》第 184 页), 它表示 A 和 B 玩井字游戏的一盘实例.

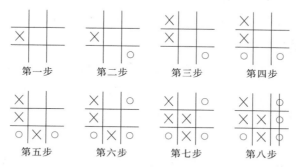

图 7-49

　　A 和 B 两人玩井字游戏:A 先用×占据图 7-50 所示的 7 号格子(第一步). B 的应招是用 ○ 去占据 8 号格子(第二步). 相对应的"十五的技巧"游戏,A(某妇人)先取 7 号卡片,B(艺人)接着取 8 号卡片. 其实,B 的应招是败棋,A 应抓住战机, 直至取胜. 在《啊哈!灵机一动》里,A 没利用可乘之机, 却也走了一步败棋, 去占据 2 号格子, 结果让后手 B 得胜(图 7-49 示明了游戏过程). A 应该利用 B 的失误, 抢占 6 号, 就有必胜策略. 但若 B 不占 8 号格子, 而应战正确,A 是没法取胜的. 读者可以证明, 如果 A 和 B 都不犯错误, 则井字游戏的结局总是和局. 相应地,"十五的技巧"游戏, 网络游戏都没有必胜策略.

2	9	4
7	5	3
6	1	8

图 7-50

　　下面, 我们再变化出几个游戏供读者欣赏.

　　⑤ 把 9 个质数 59,149,239,269,359,449,479,569,659 排成三阶幻方.

　　⑥ 试把 9 个数 2,4,6,8,12,18,24,36,72 排成一个三阶幻方, 但是现在要求用乘法代替加法, 使幻方中同一直线上的三个数之乘积都相同.

⑦ 试研究对于"乘法"的三阶幻方. 至少再设计出另一组九个数字并排成一个三阶乘法幻方. 当然,最简便的办法是任选 9 个等比数,但这太平凡了. ⑥ 中九个数字不是等比的. 请读者试作另一个九个数字不等比的三阶乘法幻方.

这三个问题读者花点工夫还是可以解出的. 然后可以参阅本书附录中的参考答案,以便对照比较一番. 下面一例稍难一些,它是受四阶幻方的启示而得到的.

⑧ 试把下列 16 个质数排成一个四阶幻方:$17,37,47,67,107,127,137,157,227,257,277,307,317,347,367,397.$(参看附录 2).

读者通过上面一系列的实例,一定能进一步体会"同构"的意义了.

(2) 在本段里,我们用同构变换把"皇后"登山、拣石子和奥林匹克竞赛题改头换面,做出两个新游戏.

在 $2 \times n$ 的棋盘上放两枚棋子,使它们分别在第一行和第二行,如图 7-51 所示. A 和 B 两人轮流走棋. 规定只能把棋向右走,至少走一格. 如果走一枚棋,可走任意格;如果同时走两枚棋,必须走相同格数. 但是现在规定,谁被迫先走到右端,就算输方.

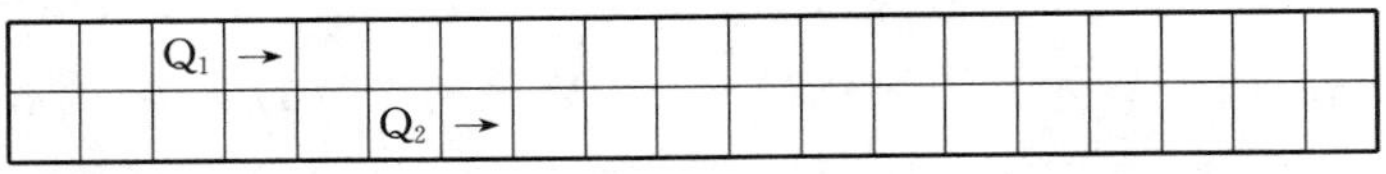

图 7-51

不难看出,图 7-51 与图 4-5 是一样的. 这个问题与第四章中的"皇后"登山或拣石子是不同的. 因为现在走"最后一步"的人是输者. 请参看第四章最后部分. 一般来说,"下棋规则"不同时,下棋的策略迥然不同. 然而,对于现在这个问题,却很奇怪,在本书第四部分里所讨论的"制高点"几乎仍然可搬过来用. 在这里,我们不打算重复第四部分的方法,而是直接把"谜底"交给读者. 具体说,只要对表 4-1 略做修改,见表 7-12:

表 7-12

n	0	1	2	3	4	5	6	7	8	9	10	11	…
$F(n)$	0	2	3	4	6	8	9	11	12	14	16	17	…
$G(n)$	1	2	5	7	10	13	15	18	20	23	26	28	…

当 $n \geqslant 2$ 时，$F(n) = f(n)$，$G(n) = g(n)$.

如果读者希望自己推导这张表的构作法，我们建议用"几何方法". 也就是说，类似地画出 $n \times n$ 棋盘，对照"皇后"登山游戏，在现在的下棋规则下，寻求制高点（取 $n = 7, 8, 9, 10$ 即可）.

八　回顾　环视　沉思

永远看不到已经完成的,只能看到没有完成的.

—— 居里夫人(M. Curie)

8.1　换一个角度欣赏九连环 —— 汉密尔顿游戏

本书附录 1 九连环与梵塔的表显现了九连环的全景. 有点像有限群的乘法表,完全确定了这个群. 然而这个群的许多重要深刻的性质,或者说它的内蕴美并不见得能从这张乘法表里轻易地看出来. 例如,它有一个美妙的性质:把表中第 2 列的每九个数(排在右边的"0"可以不写)看作 9 维空间中的 9 维单位立方体的顶点的坐标,加上原点 $(000000000) = \theta$;一方面我们把这"看作"九连环的全部状态,另一方面,又可以按此顺序,看作九连环从 θ 到 $\omega =$ (000000001) 的游戏过程. 现在我们又可以说:按此顺序,"看作"9 维单位立方体的顶点沿着棱上的转移. 即从 θ 到 ω 又可"看作"沿着这个立方体的"棱",从一个顶点到相邻顶点的"转移"。而且正好不重复地穷尽所有的顶点(但是没有走遍所有的"棱"). 这不正是著名的 Hamilton 游戏中一个典型例子吗?!

爱尔兰数学家汉密尔顿(W. R. Hamilton,1805—1865)爵士在 1859 年曾发明一种玩具,并以 25 英镑的价格卖掉了它. 它是一个正十二面体,在它的 20 个顶点上标出了世界著名的 20 个城市的名称. 游戏规则是:从某一顶点起始,沿棱"走"到相邻的另一顶点,要求游戏者接着不重复地"走"遍着 20 个城市,每座城市去游览一遍. 这样的旅游路线就叫 Hamilton 路线. 如果要求从最后的城市再回到出发点,就称为 Hamilton 圈. 将图 1 中的全虚线画的五边形设想为底面,1、2、3、4、5 为顶点,并想象把边拉伸长,还把 12 个面都压到平面上去.

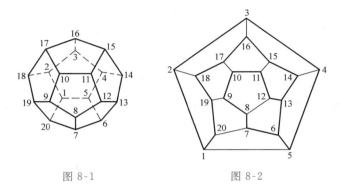

图 8-1   图 8-2

可以看出,图 8-1 上代表每个城市的顶点都有三条棱和三个不同的邻点相连接. 我们现在用笔来周游世界,怎样游才能满足问题的要求呢?请看图 8-2 所揭示的路线,以任何一个点作为起点,沿着棱走下去,每个城市只去访问一次,最后必可走完这 20 个城市.

好,现在我们再回到九连环及本书的附录 1 的表上来.

九连环从 θ 不重复地一环一环走下去,最后走到 ω(表上第 511 步 000000001). 正是从 θ(作为"原点")开始,沿 9 维单位正立方体的棱依次不重复地走遍所有顶点,最后经过 511 步到达 ω,作为排序最后的轴上,离原点距离为 1 的那点 ω.

九连环从 θ 到 ω 不是一条封闭的路径,故称为 Hamilton 路线. 这是由于九连环实物的结构所限,从 θ 到 ω 不能一步到达. 然而,我们在数学中既然能想象出虚数 $i = \sqrt{-1}$,当然也能设想"添"一条 θ 到 ω 之间的"虚棱",把 θ 与 ω 连接起来. 这样,九连环的路径也可以成为"广义"的一条 Hamilton 圈了. 如果不添"虚棱",那样的路径,就叫 Hamilton 路. 简称 H- 圈或 H- 路.(注 4)

注 1 当时,这个玩具是由实木做的正十二面体,在它的 20 个顶点上标出的城市是:阿姆斯特丹,安亚柏,柏林,布达佩斯,都柏林,爱丁堡,耶路撒冷,伦敦,墨尔本,莫斯科,新西伯利亚,纽约,巴黎,北京,布拉格,里约热内卢,罗马,旧金山,东京,华沙. 今天当然可以改用薄的透明塑料硬片的球面(如地球仪),内接一个正十二面体.

注 2 当初,汉密尔顿给出的游戏规则是:先任意选定一点为起点,然后从起点开始,任走 5 个相邻点(有多种可能!)要求游戏者继续走到底. 细心的读者或许会问:"那么,为什么许多书刊里不详告汉密尔顿原先的游戏规则呢?"这是一个很好的问题,看书者应该善于提问题,先自提自答,自己去摸索思考,最好自己去解开它.我们不想再多费笔墨.答案已经在书里了,请再仔细,再仔细看.看……看……想……想……还要动手画些图……希望每个人都会突然"顿悟",享受那无比的愉悦.

注 3 在一般的图中,是否能够找出 H- 路或 H- 圈,如何去找,都还没有完全彻底解决.原来从数学游戏(智力玩具)中提出来的数学问题,已经与许多尖端科学技术问题联系起来了,以致有些研究结果还被保密部门保密起来,不得公开发表出去.

注 4 在力学里,引进了"虚位移""虚功"等概念,在电磁学里,引入了"位移电流"概念.读者应学会用新角度、新观点看问题.

8.2 骰子游戏

许多问题中可以引入"大""小"或"先""后"的概念.一般都要求满足"传递"性,也即如果 A"大于"(或"先于")B,且 B"大于"(或"先于")C,则可以推出 A"大于"(或"先于")C.

在体育竞赛项目中,有一些是满足"传递"性的.例如赛跑的速度,投标枪(或铅球、铁饼)的远近等.但也有一些项目并不服从"传递"性.例如乒乓球赛,A 胜 B,B 胜 C,未必 A 胜 C,常有可能 C 胜 A.

现在我们介绍一种骰子游戏.三颗同样大小的正方体的均匀骰子,记为 A、B、C.骰子 A 的六个面上分别刻 $1,1,6,6,8,8$;骰子 B 的六个面上刻 $2,2,4,4,9,9$;骰子 C 的六个面上刻 $3,3,5,5,7,7$.由均匀性假设,投掷色子 A 时,$1,6,8$ 是均匀出现的,即每个数(例如 1)出现的概率为 $1/3$.同样,B、C 中每个数出现的概率也是 $1/3$.

甲、乙二人来玩骰子游戏:甲让乙从 A、B、C 中任选一颗骰子,然后,甲再选一颗.俩人投掷骰子,比较投出骰子的点数,数目较大的一人算赢家.

问题:这种玩法是否公平?

事实上,甲、乙二人玩了多次以后,乙总是输的次数多些.乙觉得自己吃亏了,要求重新选择骰子再玩,甲欣然同意.乙就选刚才甲所选的那颗骰子(以为这下子会占优势了);甲也再选一颗.重新开始玩投骰子游戏了.结果仍是乙吃亏.

好,该到揭开此游戏谜底的时候了.其实,A、B、C 三颗骰子中没有一颗是"最强大"的.从下面的表里可以看出一些眉目:(表中用 1 记得分,−1 记失);并以 $A<B$ 记 A 输给 B,以此类推)

A 与 B 比　　　　B 与 C 比　　　　C 与 A 比

（A 的得分表）　　（B 的得分表）　　（C 的得分表）

B\A	1	6	8
2	−1	1	1
4	−1	1	1
9	−1	−1	−1
$A<B$			

C\B	2	4	9
3	−1	1	1
5	−1	−1	1
7	−1	−1	1
$B<C$			

A\C	3	5	7
1	1	1	1
6	−1	−1	1
8	−1	−1	−1
$C<A$			

说明:从 A、B 的 9 种(全部搭配)情况中,可看出 A 胜 B 的概率是 4/9,B 胜 A 的概率是 5/9,其余类推.所以甲在乙选定骰子后,总可挑选一颗占优势的骰子.这样,先选骰子的一方总是吃亏的.当然,这里指概率统计意义上的"吃亏",例如甲、乙二人玩 90 次,先选骰子的乙输 50 次左右,赢 40 次左右.

问题的答案是:由于这 A,B,C 三颗骰子分别刻的数为 1、1、6、6、8、8;2、2、4、4、9、9;3、3、5、5、7、7;无论先选的骰子的乙方选哪一颗,后选的甲方都在概率意义上占获胜优势,因此,肯定是绝不公平的.

那么,游客提出新的问题了:三颗骰子上的点数刻法是否只有如上的一种方法?

当然不是.这里再列举一些并不难,我们希望读者联系 3 阶幻方的结构,从此问题中发现新问题,启示新方法,并试解新问题,变化新问题……

看!正是 3 阶幻方启示我们设计 U,V,W 三颗骰子.

8	1	6
3	5	7
4	9	2

U 六面刻　　3,3,4,4,8,8

V 六面刻　　1,1,5,5,9,9

W 六面刻　　2,2,6,6,7,7

U　V　W

U、V、W 三颗骰子可以代替 A、B、C 三颗骰子.读者可以仿照前面的得分表,补出 U、V、W 三个得分表.

自己设计,自行实践,自己总结,这才是真正的学习 — 探索 — 实践啊!

下面,我们从 3 阶幻方再变化出一个小题目,供大家娱乐.要求从 ① 开始向 ② 连线,再从 ② 向 ③ 连线,…… 从 ⑧ 向 ⑨ 连线,最后从 ⑨ 向 ① 连线(回到初始点),并且还要求这些连线都不相交.

⑧	①	⑥
③	⑤	⑦
④	⑨	②

答案参看附录 3.

8.3 猜帽色

先贤约瑟夫·马达其(J. S. Madachy)是美国的数学普及者,他多次推荐本题.我们采用如下的叙述方式.

数学老师 T 有三位得意门生 A、B、C.某次 T 给她的学生出了一道趣味题,她拿出 5 顶帽子,其中 3 顶是红色的,2 顶是黄色的,先给 A、B、C 看过;叫他们依次在 1,2,3 排上坐好,脸朝讲台,用 3 块布把他们眼分别蒙住,并在每人头上戴一顶帽子,收起另外 2 顶帽子.然后把坐在第 3 排的 A 的蒙眼布解掉,于是 A 就能看到第 2 排上 B 和第 1 排上的 C,但不能看见自己头上帽子的颜色.T 老师第一个问题就是问 A,"你能否判定(猜到)自己头上帽子的颜色吗?"A 回答:"我尚不能猜到."于是 T 老师再解开 B 的蒙眼布,B 就能看见坐在第 1 排的 C;老师第二次问 B,"你能猜到自己头上帽子的颜色吗?"B 也回答说"不能".最后,未等老师去解开 C 的蒙眼布,C 说:"老师,我已经猜到我头上帽子的颜色了."(什么颜色?为什么?)

咦,这真有点奇怪!A 能看见 B、C 的帽子,B 能看见 C 的帽子,但他们都不能猜到自己头上的帽子的颜色;而 C 什么也看不到,却能猜到他头上帽子的颜色!

T 老师究竟给他们戴的是什么颜色的帽子?请大家思考一下:A、B、C 头上所戴帽子的颜色到底有哪些可能性,从而能使本题顺理成章,如此这般?

其实这是一道非常有趣的逻辑推理游戏,完整清楚的推理过程是训练数学思维的精彩范例.读者不妨先从"反面"情况出发;想一想,什么情况下，A 第一次就立即可以知道自己头上帽子的颜色？（很简单：如 A 看见 B、C 都戴黄帽子，当然 A 马上就知道自己头上是红帽子）那么，A 不能猜定自己头上帽子颜色，也即 B、C 头上至多只有 1 顶黄帽子，只要 A 一回答"不能猜着"，B 和 C 就可以知道"最多只有 1 顶黄帽被 A 看到"；那么若 B 又说"不能猜着"时，C 就知道自己头上必是红帽子.（为什么）

进一步，当 A、B 相继回答"不能猜着"后，C 已经能判定他头上帽子必定是红色的；我们再问：C 还能反过去推定 B 或 A 的帽色吗？（为什么，要说清理由）.

读者认真细致思考后就能清楚，对本题来说，T 老师只要给 C 戴上红帽子，而 A、B 头上不管如何戴帽子，都不妨害本题. 也就是说如果 T 老师给 C 戴了黄帽子，则 B 就能猜到自己头上必定是红帽子（否则 A 就能猜到自己头上必是红帽子了），而轮到 C 时，A 和 B 都已回答"不能猜到"，这两个回答是 C 得到的"补充条件"，所以 C 就猜到了.

本题，还有一个奥妙之处：① 最后一个猜的人必能猜中；② 在先猜中者之后的猜者相继都能猜中，直至最后一个人；③ 不是最后一个猜的人，都会遇到猜不着的（帽色分配）情况.

我们经反复思索，看清题目的内蕴美，真是高兴，同时也使我们对先贤为我们构作了这么巧妙的趣味题更为钦佩感激，虽然是老题目，却代代相传，魅力永远不衰！

本题当然还可以推广，例如帽子顶数，游戏者人数，帽子颜色数目，都可以变化（增多），但仍要求保持 ①②③ 的性质.

其中，很重要的一点是：一人一人相继猜的时候，报出的信息（能猜着，不能猜着）必须考虑，补充到不断更新的已知条件中去. 就像玩牌游戏那样，桌面上一张一张牌翻开亮出，形势不断更新，玩牌者要不断调整、修正、记忆、分析……

J. S. Madachy 原本是学化学出身的，但他对趣味数学极其着迷，最后竟决定放弃化学，皈依数学，成为《游戏数学》杂志的创办者和编辑部主任，大力推动数学知识的普及，亦可见数学的魅力.

有的书刊里，对本题的叙述方式有所不同，我们也向读者介绍一下：

T 老师拿出 3 顶红帽子,2 顶黄帽子和 3 块大手帕给学生 A、B、C 看过;交给每个学生一块手帕,命他们给自己把眼蒙住;(学生们心理纳闷,今天 T 老师要什么花样啊!T 老师好像知道他们很疑惑,就说,注意了,马上我要问你们关于帽子颜色的问题!)等他们都蒙住了眼,T 老师给他们每人头上戴了一顶帽子,收起另外 2 顶帽子.T 老师再叫他们同时解掉蒙眼布,于是每个人都能看见另外 2 位同学的帽子,却不能看到自己的帽子.这时 T 老师问:"你们谁能猜中自己头上帽子的颜色?"A,B,C 相互略看了一会,几乎同声回答"红帽子!"T 老师非常满意,3 位高徒真是不分上下.得天下英才而育之,乃人生一大快事也!

8.4　猜一串数的规律

"数学的应用功能极为广泛",这个命题是正确的.

"数学还能帮助你探索发现规律,预测未来".这个命题只能说在一定条件下可能成立,严格地说,在一般情况下是一个似是而非的命题.

例如,一些书刊中常可见这样的问题:先给出一组有限个数的数字 $a_1,a_2,\cdots,a_k$,然后试猜它的规律,并写出后面的数字 $a_{k+1},a_{k+2},\cdots$ 一个一个以至无穷(或者只猜后面的一个数).

其实,"真理向前多跨出一步,就会变成荒谬",有些方法貌似能引导你寻求规律,其实恰恰是引向死胡同.

下面我们介绍拉格朗日(J. L. Lagrange,1736—1813)多项式. 根据这个多项式的一个推论便十分容易理解本文上述的说明了.

任意取定 K 个数 $a_1,a_2,\cdots a_k$,按此次序排好.观察下面所列的多项式:

$$L = a_1\frac{(n-2)(n-3)\cdots(n-k)}{(1-2)(1-3)\cdots(1-k)} + a_2\frac{(n-1)(n-3)\cdots(n-k)}{(2-1)(2-3)\cdots(2-k)} + \cdots +$$

$$a_k\frac{(n-1)(n-2)\cdots[n-(k-1)]}{(k-1)(k-2)\cdots[k-(k-1)]}$$

注意,多项式 L 是由 k,n 和 $a_1,a_2,\cdots,a_k$ 决定的;右边的分子,分母都含 $k-1$ 个因子.所以如果把 L 看作 n 的多项式的话,它最多是 $(k-1)$ 次的多项式.把 L 写成 $L = L(n)$.让我们来计算 $L(1),L(2)$,

$\cdots, L(k)$. 显然：

$$L(1) = a_1, L(2) = a_2, \cdots, L(k) = a_k$$

呵，我们这不是已经从 n 的 $(k-1)$ 次多项式（一大类多项式）中找到一个 Lagrange 多项式 $L(n)$，以 $n=1, n=2, \cdots, n=k$ 分别代入，就得到数列 $a_1, a_2, \cdots, a_k$ 了吗？

那么，是不是可以用这多项式去计算 $L(k+1), L(k+2), \cdots$ 呢？当然可以！

那么，是不是给定 $a_1, a_2, \cdots a_k$ 这有限个数之后，往后的数一定是 $L(k+1), L(k+2), \cdots$ 呢？

让我们这样想，再看三个具体例子：

(1) 取 $1, 2, 3, \cdots, 10, 1, 1, 2, 2, 3, 3$ 为止（$K=16$）；

(2) 取 $1, 2, 3, \cdots, 10, 1, 1, 7, 7$ 为止（$K=14$）；

(3) 取 $1, 2, 3, \cdots, 10, b_1, b_2, \cdots, b_m$ 为止（$K=10+m$）；

m 是任意取定的自然数，$b_1, b_2, \cdots, b_m$ 也可以任意取定.

用拉格朗日的方法，分别可作出三个多项式 $L_{(1)}(n), L_{(2)}(n)$, $L_{(3)}(n)$. 而 $L_{(1)}(n)$ 最多是 n 的 16 次多项式，$L_{(2)}(n)$ 最多是 n 的 14 次多项式，$L_{(3)}(n)$ 最多是 n 的 $(10+m)$ 次多项式. 对于 $n=1, 2, \cdots, 10$，$L_{(1)}(n), L_{(2)}(n), L_{(3)}(n)$ 都可得出：式 $L_{(1)}(i) = L_{(2)}(i) = L_{(3)}(i) = i (i=1, 2, \cdots, 10)$，这当然都是拉格朗日多项式的简单推论.

现在我们这样设想：对上述三个例子，如果我们先只看到前 10 个数，代入三个多项式去算，正好都是 $1, 2, \cdots, 10$；后面第 11 个数等尚未看到，我们是否可断言第 11 个数是 11？当然可以猜！而且我必首先猜为 11；但是我心中仍要清醒地记住，也很可能不是 11. 因为上述例子已经表明这种"猜"绝非内在规律的呈现，而仅仅是一种"猜"而已.

我们仅仅考虑了多项式，利用 Lagrange 方法说明只从有限个数 $a_1, a_2, \cdots, a_k$，企图完全确定它们后面的数 a_{k+1}, a_{k+2}，并写出后面的数的规律 —— 这个"企图"是不可能在一般意义上成立的.

附上 2 个小问题：

问题 1：本节中出现的 $a_1, a_2, \cdots, a_k; b_1, b_2, \cdots, b_m$ 是不是可以取复数？

问题 2：以后若遇到所谓这类"猜规律"的题目，你还会去猜吗？

8.5 握手问题

数学迷们经常聚会交流，某日 4 对数学迷夫妇（记为 A, A^*；B，B^*；C, C^*；D, D^*）应 $\overline{W}^*$ 夫人和 $\overline{W}$ 先生之邀赴家庭聚会．当贵宾们准时来到，大家互相寒暄、问候，有的去帮助 $\overline{W}^*$ 夫人张罗，有的互相握手入席，等等．当然同一对配偶，例如 B 和 B^* 之间是无须握手的，自己与自己也没有握手问题；而且两个人互相握手后，每人都算握过 1 次手．

在大家坐定后，开始喝茶和饮料时，主人 $\overline{W}$ 先生向其他人询问各自握过手的次数，报出的数恰巧各不相同．这样巧的情况比较难得，一定可以发现更多的妙处．果然 $\overline{W}$ 先生想得一个极其美妙的题目，他问来宾："谁能猜到我夫人 $\overline{W}^*$ 握了几次手？"

我们先略做一点简单的分析．一共 10 个人，每一个人与自己不握手，也不与配偶握手；那么，最多握手次数为 8；而 9 个人（除 $\overline{W}$ 外）都报出握手次数；于是 9 个握手次数必定是 $0, 1, 2, \cdots, 8$. 现在问的是 $\overline{W}^*$ 握过几次手？$\overline{W}^*$ 有什么特殊之处？就是 $\overline{W}$ 没有报出握手次数．这个特点或许就是能确定 $\overline{W}^*$ 握手次数的关键．解开此题当然可能会有许多方法，然而我们基本采用特殊化和极端化方法，刚才已看到是 $\overline{W}^*$ 和 $\overline{W}$ 的特殊之处，另外还有握手次数的最小、最大极端情况．

① 首先考虑 $\overline{W}^*$ 握手 8 次是否可能？如果能，她必须与 A, A^*；B，B^*；$\cdots$；D, D^* 都握手，那么，谁可以报出 0 次握手呢？由反证法原理，$\overline{W}^*$ 不可能握 8 次手．类似，由反证法可推出 $\overline{W}^*$ 也不可能握 0 次手．推论便是：握 0 次手的和握 8 次手的必在来宾中．

下面可以用图来作为辅助，使讨论简捷明白，像 7.5 节里的应用二；取 10 个不同点代表 10 位数学迷，并以 A, A^*；B, B^*；$\cdots$；D, D^*；$\overline{W}, \overline{W}^*$ 记之．两人握手，就连一条边（图 8-3）．

② 不失一般性，可设 A 握过 8 次手，并就在 A 旁边记上 8，好处是一看图就明白．（仍像 7.5 节中应用二），我们从 A 引出 8 条边（可以是弯弯曲曲的）连向 8 个不同的人：B, B^*；C, C^*；D, D^*；$\overline{W}, \overline{W}^*$. 左边的这 8 个人至少握了 1 次手；那么，只有 A^* 才可以报出握 0 次手了，于是 A, A^* 夫妇之中，一个人握手 8 次，另一个握手 0 次．

③ 同样，$\overline{W}^*$ 握手 7 次也不可能；不失一般性，设 B 握手 7 次（A, B

已连一条边),故从 B 还要连出 6 条边(但不可与 B^* 相连);只能与 C,C^*;D,D^*;$\overline{W}$,$\overline{W}^*$ 相连;并在 B 旁边记上 7. 因为 C,C^*;D,D^*;$\overline{W}$,$\overline{W}^*$ 至少握过 2 次手,所以只可能 B_1^* 握手 1 次(已在 B^* 旁边记上 1). 把握过手的人之间连上边,最好减少不必要的相交,所以作图应不断改画,使不必相交的点数越少越好. 图论(Graph Theory)中的图,如果能在平面上画出它的点和边,使得边不相交的话,就称之为"平面图";如果无论如何去画,它的边总是有相交的话,就称这个图是"非平面图"(不可平面化的). 在设计印刷电路板面时,就会遇到此类问题. 对于非平面图,研究如何画,能使边相交次数最少(退而求其次 —— 矮个子中选将军),也是有点意义的.

④ 如此这般,可设 C 握手 6 次(C 已与 A,B 都握过了手),所以由 C 出发,还应向 D,D^*,$\overline{W}$,$\overline{W}^*$ 画 4 条边(画图可能要重新变动,以减少边的相交次数)附带应推论出 C^* 必握手 2 次(只能与 A,B 相握)并且记为 C_6,C_2^*(C,C^* 夫妇总握手次数之和也是 8).

⑤ 以此类推,推出 D,D^* 夫妇共握 8 次手,记为 D_5,D_3^*,在分析推理过程里,要不断画图连接边,还要不断重画、修改所作的图,在分析推理过程中,要不断画草图,不断修改、重画. 这些图会使我们便于思考,防止失误,而且引领我们走向成功.

⑥ 大功基本告成:从图里看到 $\overline{W}$,$\overline{W}^*$ 夫妇各人都是与他人握过 4 次手(原问题仅只问 $\overline{W}^*$ 夫人握过几次手),而求解的过程还推断出 $\overline{W}$ 先生也握过 4 次手(加强了结论),不但如此,这张图也证明本题是真实可能发生的.

本题由名满天下的趣味数学大师马丁·伽德纳所拟,被我国著名数学家谈祥柏教授高度赞赏和推荐.(谈祥柏著《数学广角镜》).

人们常会看到各种数据和报表,研究人员对之做统计、分析、比较、预测 …… 有时会发现矛盾,什么原因呢?大概有:错报、漏报、虚报、瞒报还有不可避免的情形(数据随时变化,如出生、死亡、流动、产品生产数量、消耗数量 …… 天天变化着).

所以我们编了一个简单练习题供大家试解:假设本题 10 位数学迷都报出各自握手次数,记下来正好是 0、1、1、2、2、3、4、6、7、7. 试证这是不可能的,即不存在一种 10 人握手法,以这 10 个数作为他们的握手次数.

对于本题来说,图 8-3 已经够了.但是图中边的交点太多.如何把交点个数减少,也是一道有趣的练习题.请看图 8-4,设想那些边都是橡皮筋做的,把 C^* 拉起来,A 和 B 不动,把 C^* 向右拉到 AB 右边再放到纸上,把 D^* 也如此画到 AB 的右边去,抹去左边的 C^*,D^* 以及与 A,B,C 相连的边;变到右边画虚线的位置,这样就已减少许多不必要的交点,可是交点仍然很多,好在边是可以弯曲的,边只代表"握手",与其长短、形状无关.图 8-5 是再改进的画法,还可减少交点个数.进一步改进,请参看附录 3.

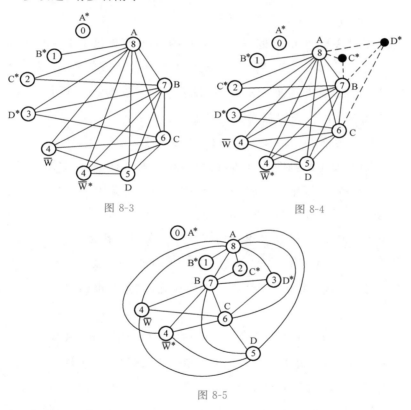

图 8-3   图 8-4

图 8-5

8.6 哪里有数,哪里就有美 —— 普罗克勒斯(Proclus)

$$99^2 = 9801$$
$$999^2 = 998001$$
$$9999^2 = 99980001$$
$$99999^2 = 9999800001$$

$$999999^2 = 999998000001$$
$$9999999^2 = 99999980000001$$
$$99999999^2 = 9999999800000001$$
$$999999999^2 = 999999998000000001$$
$$\downarrow$$

直到无穷

$$1 \times 9 + 2 = 11$$
$$12 \times 9 + 3 = 111$$
$$123 \times 9 + 4 = 1111$$
$$1234 \times 9 + 5 = 11111$$
$$12345 \times 9 + 6 = 111111$$
$$123456 \times 9 + 7 = 1111111$$
$$1234567 \times 9 + 8 = 11111111$$
$$12345678 \times 9 + 9 = 111111111$$
$$123456789 \times 9 + 10 = 1111111111$$

$$123456789 \times 1 \times 9 = 1111111101$$
$$123456789 \times 2 \times 9 = 2222222202$$
$$123456789 \times 3 \times 9 = 3333333303$$
$$123456789 \times 4 \times 9 = 4444444404$$
$$123456789 \times 5 \times 9 = 5555555505$$
$$123456789 \times 6 \times 9 = 6666666606$$
$$123456789 \times 7 \times 9 = 7777777707$$
$$123456789 \times 8 \times 9 = 8888888808$$
$$123456789 \times 9 \times 9 = 9999999909$$

$$9 \times 12345679 \times 1 = 111111111$$
$$9 \times 12345679 \times 2 = 222222222$$
$$9 \times 12345679 \times 3 = 333333333$$
$$9 \times 12345679 \times 4 = 444444444$$
$$9 \times 12345679 \times 5 = 555555555$$
$$9 \times 12345679 \times 6 = 666666666$$
$$9 \times 12345679 \times 7 = 777777777$$
$$9 \times 12345679 \times 8 = 888888888$$
$$9 \times 12345679 \times 9 = 999999999$$

$$999999999 \times 999999999$$

$$1+2+3+4+5+6+7+8+9+8+7+6+5+4+3+2+1$$
$$= 12345678987654321$$

$$(111111111)^2 = 12345678987654321$$

$(1)1^2 + 6^2 + 8^2 = 2^2 + 4^2 + 9^2 = 101$

$(2)3^2 + 4^2 + 8^2 = 2^2 + 6^2 + 7^2 = 89$(回想 3 阶幻方!)

$(3)84^2 + 19^2 + 62^2 = 48^2 + 91^2 + 26^2 = 11261$

$(4)81^2 + 54^2 + 36^2 + 27^2 = 72^2 + 63^2 + 45^2 + 18^2 = 11502$

$(5)86^2 + 54^2 + 31^2 + 27^2 = 72^2 + 13^2 + 45^2 + 68^2 = 12002$

(3) ～ (5) 有"回文性质"

$(6)64^2 + 10^2 + (09)^2 + 82^2 = 28^2 + (90)^2 + (01)^2 + (46)^2 = 11001$(广义"回文")

$(7)1 + 2 = 3, 3^2 + 4^2 = 5^2, 3^3 + 4^3 + 5^3 = 6^3$

$(8)1^2 + 2^2 + 3^2 + \cdots + 24^2 = 70^2 = 4900$

$(9)18^2 + 19^2 + 20^2 + \cdots + 28^2 = 77^2 = 5929$

$(10)25^2 + 26^2 + 27^2 + \cdots + 50^2 = 195^2 = 38025$

$(11)38^2 + 39^2 + 40^2 + \cdots + 48^2 = 143^2 = 20449$

$(12)456^2 + 457^2 + 458^2 + \cdots + 466^2 = 1529^2 = 2337841$

$(13)854^2 + 855^2 + 856^2 + \cdots + 864^2 = 2849^2 = 8116801$

$(14)2^2 + 5^2 + 8^2 + 11^2 + 14^2 + 17^2 + 20^2 + 23^2 + 26^2 = 48^2$

$(15)7^3 + 14^3 + 17^3 = 20^3$

$(16)26^3 + 55^3 + 78^3 = 87^3$

$(17)33^3 + 70^3 + 92^3 = 105^3$

$(18)5^3 + 7^3 + 9^3 + 10^3 = 13^3$

$(19)1^3 + 3^3 + 4^3 + 5^3 + 8^3 = 9^3$

$(20)3^3 + 4^3 + 5^3 + 8^3 + 10^3 = 12^3$

$(21)1^3 + 5^3 + 6^3 + 7^3 + 8^3 + 10^3 = 13^3$

$(22)2^3 + 3^3 + 5^3 + 7^3 + 8^3 + 9^3 + 10^3 = 14^3$

$(23)6^3 + 7^3 + 8^3 + \cdots + 68^3 + 69^3 = 180^3$

$(24)1134^3 + 1135^3 + 1136^3 + \cdots + 2132^3 + 2133^3 = 16830^3$

(25)L. Euler 断言($x^4 + y^4 + z^4 = w^4$ 无整数解)错了:

$95800^4 + 217519^4 + 414560^4 = 422481^4$(R. Frye)

$(26)4^4 + 8^4 + 9^4 + 14^4 = 15^4$

$(27)30^4 + 120^4 + 272^4 + 315^4 = 353^4$(L. E. Dickson)

$(28)4^4 + 6^4 + 8^4 + 9^4 + 14^4 = 15^4$

(29)$1^4 + 3^4 + 4^4 + 5^4 + 9^4 + 10^4 + 11^4 + 12^4 + 14^4 + 15^4 + 16^4 + 17^4 + 18^4 + 19^4 + 30^4 = 34^4$

(30)$4^5 + 5^5 + 6^5 + 7^5 + 9^5 + 11^5 = 12^5$

(31)$2^5 + 85^5 + 110^5 + 135^5 = 144^5$（吴子乾 1970）

(32)$76^6 + 234^6 + 402^6 + 474^6 + 702^6 + 894^6 + 1077^6 = 1141^6$（H. Seltridge,1966）

(33)$1^6 + 2^6 + 4^6 + 5^6 + 6^6 + 7^6 + 9^6 + 12^6 + 13^6 + 15^6 + 16^6 + 18^6 + 20^6 + 21^6 + 22^6 + 23^6 = 28^6$

(34)$12^7 + 35^7 + 53^7 + 58^7 + 64^7 + 83^7 + 85^7 + 90^7 = 102^7$（H. Seltridge,1966）

还有 8 次方、9 次方的式子.

以下三式具有"回文"性质：

(35)$13 + 42 + 53 + 57 + 68 + 97 = 79 + 86 + 75 + 35 + 24 + 31 = 330$

(36)$13^2 + 42^2 + 53^2 + 57^2 + 68^2 + 97^2 = 79^2 + 86^2 + 75^2 + 35^2 + 24^2 + 31^2 = 22024$

(37)$13^3 + 42^3 + 53^3 + 57^3 + 68^3 + 97^3 = 79^3 + 86^3 + 75^3 + 35^3 + 24^3 + 31^3 = 1637460$

注：其中公式（2）为笔者所添加，它是由 3 阶幻方的启示而想到的. 参考资料为：沈康成，《数学的魅力》（丛书）. 上海辞书出版社，2006.

好，现在让我们轻松一下，做几道 4 则运算的简单题目，看看答案是否有点趣，请计算下列 $x_1 \sim x_6$ 的值：

$x_1 = 900991 \times 863247$

$x_2 = 803 \times 202 \times 137$

$x_3 = 689976/888$

$x_4 = (379 + 888) - (477 + 124)$

$x_5 = (2997 \times 729)/(81 \times 81)$

$x_6 = 41^2 + 43^2 + 45^2$

8.7　数学中一朵艳丽的奇花

人是有灵性、有智慧的动物,虽然人不是智慧到不犯错误,但人会改正错误,努力减少犯错误.更有意义的是人有创造的能力.许多人认为数学也是人所创造出的一种文化.她没有质量、形状、质量、体积、颜色、气味可言,她也使得创造出她的人迷茫起来:到底她是客观实在的还是我们头脑中虚构幻想的?而我们却又认不清,好像我们是发现者和探索者.从数学史看,人们一直在追求、研究、探索着 π,永远也没有穷尽.在这个过程中,人们不断发现 π 的美丽动人之处.但 π 从不炫耀她的美貌,总是留藏着无穷的未知,让人永远不能完全看清,而又常常在意想不到的场合一露她的倩影.研究探索 π,完全与研究探索宇宙有同等的意义,也一样没有完成的那一天.

我们勉为其难地想把有关 π 的精彩美丽之处点点滴滴、片片屑屑介绍给读者,虽有献芹之嫌,却也不顾个人得失,不怕招嘲了,希望读者会欢迎.

最初,估算 π 是从实践出发的,很粗糙,但很重要.第一个轮子的发明是极其伟大的,可惜已不能确切考证.后来运用几何学方法,进展很大,但想要不断增加精确度是很困难的.到微积分方法建立后,得到许多公式(有的用无穷级数法、无穷乘积法、积分公式,还有连分数方法 ……),我们只挑选一些初等的、形式简单的,入选标准是从美学角度出发的:

(1) $\dfrac{\pi}{4} = 1 - \dfrac{1}{3} + \dfrac{1}{5} - \dfrac{1}{7} + \cdots + \dfrac{(-1)^{n-1}}{2n-1} + \cdots$

(2) $\dfrac{\pi-3}{4} = \dfrac{1}{2\times3\times4} - \dfrac{1}{4\times5\times6} + \dfrac{1}{6\times7\times8} - \dfrac{1}{8\times9\times10} + \cdots$

(3) $\dfrac{\pi^2}{6} = \dfrac{1}{1^2} + \dfrac{1}{2^2} + \dfrac{1}{3^2} + \cdots$

(4) $\dfrac{\pi^3}{32} = \dfrac{1}{1^3} - \dfrac{1}{3^3} + \dfrac{1}{5^3} - \dfrac{1}{7^3} + \cdots$

(5) $\dfrac{\pi^4}{90} = \dfrac{1}{1^4} + \dfrac{1}{2^4} + \dfrac{1}{3^4} + \cdots$

(6) $\dfrac{5\pi^5}{1536} = \dfrac{1}{1^5} - \dfrac{1}{3^5} + \dfrac{1}{5^5} - \dfrac{1}{7^5} + \cdots$

(7) $\dfrac{\pi^6}{945} = \dfrac{1}{1^6} + \dfrac{1}{2^6} + \dfrac{1}{3^6} + \cdots$

(8) $\dfrac{61\pi^7}{184320} = \dfrac{1}{1^7} - \dfrac{1}{3^7} + \dfrac{1}{5^7} - \dfrac{1}{7^7} + \cdots$

(9) $\dfrac{\pi^8}{9450} = \dfrac{1}{1^8} + \dfrac{1}{2^8} + \dfrac{1}{3^8} + \cdots$

(10) $\dfrac{\pi^{10}}{93555} = \dfrac{1}{1^{10}} + \dfrac{1}{2^{10}} + \dfrac{1}{3^{10}} + \cdots$

(11) $\dfrac{691\pi^{12}}{638512875} = \dfrac{1}{1^{12}} + \dfrac{1}{2^{12}} + \dfrac{1}{3^{12}} + \cdots$

微积分学开创了计算 π 的一条宽广大道,理论上说,已可把 π 计算到任意指定的精确度.远远超过几何学的"割圆法",老祖宗在天堂里若能看到后代如此优秀,一定会非常高兴.后一代一定比前代强,世界日益在进步!再后来的人果然又创造出更新更强更优美的计算 π 的方法.电子计算机极大地推动世界文化发展的进程.新方法和新机器的配合,威力不可预见!

很多人知道 π 是一个无限不循环的数(或许还有人知道 π 是一个"超越数").她的小数点后面的数学分布是"杂乱无章""无规律"的;但到底是否我们尚未认清她的规律呢?以上一组公式的右端出现的数目又是那么整齐简单,还以十分优美的形式出现,怎么能说没有规律呢?仅观看这些公式,就着实令人神往,真是美妙极了.这只是从微积分这只"望远镜"里看 π,所看到 π 的某些侧面的倩影,却不能说把 π 看全了,全部认识了.在物理学的许多问题里,π 也略显她美丽动人的芳容,甚至生物学她也会去光顾.她常常在不能预料的场合中出现.痴迷于 π 的人不计其数,许多人终身在计算 π,最后追随她而去.2002 年,日本宣布已把 π 计算到小数点后 12411 亿位.用 144 台计算机联结起来,用超并行计算,净耗时 400 多小时,每秒之内完成 2 万亿次计算,主要计算和验算共用去约 600 小时.2002 年 11 月 24 日全部完成,12 月 6 日正式宣布.

据说,小数点后的第 1 万亿位上的数字是 2,第 12411 亿位上的数字是 5.

关于 π 的研究探索,问题和方法越来越多,有的初听起来甚感惊异.例如,有人从几世纪前有关 π 的古老公式里竟看出(悟出),能用之计算 π 在小数点后任意指定的一个位数上的数字,而不必计算出这位数之前的各位数字.真是奇怪!这是不是说明数学的老问题里会意想不到地生长出新的美丽动人的奇花异果?其他学科也一样,永不会研究穷尽,反而是愈研究,问题愈多,新方法不断生长出来,难以预料.

设想把 π 的小数点看作一把"刀",它可以向右移动,可以在任何位数上停住,把 π 这串数从头到此"切下",成为一个十进制的正整数.试问:用这种办法,能不能得到素数(即质数)?

研究结果颇有趣,而且着实令人惊奇.至今只找到 4 个素数:3,31,314159 以及 38 位的大素数,31415926535897932384626433832795028841;最后的这个(第 4 个)素数是 1979 年发现的.是否还可以切出第 5 个或更多的质数?仍然不清楚.

更有趣的是把前三个质数颠倒过来写出就成为:3,13,951413;这3 个数仍然是质数.

在 π 的前 1000 万位数字串里,至少可以切出数字段"314159"6 次以上.它是一个奇特的质数,称之为"逆质数",即把它顺序倒过来写出后的 951413 也是质数.而且 314159 的 6 个位数上的数关于 10 的"补数"组成的 6 位数 796951 也是一个逆质数.又,314159 可看作 3 个质数31,41,59 连写成的.

1935 年在巴黎建了一座三层宫殿式的法国青少年科技宫,又叫发现宫,还叫巴黎科学馆.除星期一休息外,每天免费向青少年开放.青少年可通过宫内设备了解人类科技发展的历史,现在的状况和未来的远景预测,也可以在教师指导下从事研究和实验.在 2～3 层,有"数学的历史(21 厅)""信息(计算机)(22～50 厅)""数学(30,31 厅)";然而 π 以其至尊至贵的地位,人们单独为她开辟"圆周率 π 厅(32 厅)".希望大家记住,到巴黎不要忘记去"π 厅",看看 π 的风采.

(参考资料:陈仁政.说不尽的 π.北京:科学出版社,2005.)

1988 年秋, 著名的国际性普及数学杂志《数学智力》(*Mathematical Intelligencer*)登出英格兰数学教育家戴维·威尔斯(David Wells)的文章《哪一位是最美的?》.

威尔斯列出了 24 条数学定理.他请世界各地的数学爱好者对每一条定理,根据各人对"美"的看法,打出一个 0 到 10 之间的分数,并且他还欢迎参评者提供评论意见.威尔斯所列的定理中有许多是很初等的,也有些是非常深奥的,其中排在第 23 名的是:$1 + e^{i\pi} = 0$.

　　一年多以后，评选结果出来，上述公式荣登冠军宝座，得分为 7.7 分.她被认为是"数学中最美的公式".有人评论认为：Euler 把他那个时代数学里已知的最重要的 5 个数 $(0,1,i,e,\pi)$ 用一个公式绝妙地联系起来，这是绝有趣的.(注：最后一名的得分是 3.9，但有的参评者却对她打出最高分.)被提名参赛的 24 位数学佳丽中，与 π 有关的共有 4 名，最后评得的名次为第 1，第 5，第 8 和第 14 名.看看参评者各人的意见，也是很有趣的.(参考资料：王志雄.数学美食城.北京：民主与建设出版社，2000)

附　录

附录 1　九连环与梵塔的表

序	环	列 a	列 b	序	环	列 a	列 b
1	1	1		41	101111	5	236
2	11	1	2	42	111111	25	36
3	01		12	43	011111	125	36
4	011	3	12	44	010111	125	6
5	111	3	2	45	110111	25	16
6	101	23		46	100111	5	16
7	001	123		47	000111	5	6
8	0011	123	4	48	000101		56
9	1011	23	14	49	100101	1	56
10	1111	3	14	50	110101	1	256
11	0111	3	4	51	010101		1256
12	0101		34	52	011101	3	1256
13	1101	1	34	53	111101	3	256
14	1001	1	234	54	101101	23	56
15	0001		1234	55	001101	123	56
16	00011	5	1234	56	001001	123	456
17	10011	5	234	57	101001	23	1456
18	11011	25	34	58	111001	3	1456
19	01011	125	34	59	011001	3	456
20	01111	125	4	60	010001		3456
21	11111	25	14	61	110001	1	3456
22	10111	5	14	62	100001	1	23456
23	00111	5	4	63	000001		123456
24	00101	45		64	0000001	7	123456
25	10101	145		65	1000011	7	23456
26	11101	145	2	66	1100011	27	3456
27	01101	45	12	67	0100011	127	3456
28	01001	345	12	68	0110011	127	456
29	11001	345	2	69	1110011	27	1456
30	10001	2345		70	1010011	7	1456
31	00001	12345		71	0010011	7	456
32	000011	12345	6	6	0011011	47	56
33	100011	2345	6	73	1011011	147	56
34	110011	345	16	74	1111011	147	256
35	010011	345	6	75	0111011	47	1256
36	011011	45	36	76	0101011	347	1256
37	111011	145	36	77	1101011	347	256
38	101011	145	236	78	1001011	2347	56
39	001011	45	1236	79	0001011	12347	56
40	001111	5	1236	80	1001111	12347	6
81	1001111	2347	16	121	1010001	14567	
82	1101111	347	16	122	1110001	14567	2
83	0101111	347	6	123	0110001	4567	12
84	0111111	47	36	124	0100001	34567	12
85	1111111	147	36	125	0111101	34567	2
86	1011111	147	236	126	1000001	234567	
87	0011111	47	1236	127	0000001	123457	
88	0010111	7	1236	128	00000011	1234567	8
89	1010111	7	236	129	1000011	234567	18
90	1110111	7	36	130	1100011	34567	18
91	0110111	127	36	131	01000011	34567	8
92	0100111	127	6	132	01100011	4567	38
93	1100111	27	16	133	11100011	14567	38
94	1000111	7	16	134	10100011	14567	238
95	0000111	7	6	135	00100011	4567	1238

（续表）

96	0000101	67		136	00110011	567	1238
97	1000101	167		137	10110011	567	238
98	1100101	167		138	11110011	2567	38
99	0100101	67	12	139	01110011	125767	38
100	0110101	367	12	140	01010011	12567	8
101	1110101	367	2	141	11010011	2567	18
102	1010101	2367		142	1001001	567	18
103	0010101	12367		143	00010011	567	8
104	0011101	12367	4	144	00011011	67	58
105	1011101	2367	14	145	10011011	167	58
106	1111101	367	14	146	11011101	167	258
107	0111101	367	4	147	01011011	67	1258
108	0101101	67	34	148	01111011	367	258
109	1101101	167	34	149	11111011	367	258
110	1001101	167	234	150	10111011	2367	58
111	0001101	67	1234	151	00111011	12367	58
112	0001001	567	1234	152	00101011	12367	458
113	1001001	567	234	153	10101011	2367	1458
114	1101001	2567	34	154	11101011	367	1458
115	0101001	12567	34	155	01101011	367	458
116	0111001	12567	4	156	01001011	67	3458
117	1111001	2567	14	157	11001011	167	3458
118	1011001	567	14	158	10001011	167	23458
119	0011001	567	4	159	00001011	67	123458
120	0010001	4567		160	00001111	7	123458
161	10001111	7	23458	201	10110101	23	1478
162	11001111	27	3458	202	11110101	3	1478
163	01001111	127	3458	203	01110101	3	478
164	01101111	127	458	204	01010101		3478
165	11101111	27	1458	205	11010101	1	3478
166	10101111	7	1458	206	10010101	1	23478
167	00101111	7	458	207	00010101		123478
168	00111111	47	58	208	00011101	5	123478
169	10111111	147	58	209	10011101	5	23478
170	11111111	147	258	210	11011101	25	3478
171	01111111	47	1258	211	01011101	125	3478
172	01011111	347	1258	212	01111101	125	478
173	11011111	347	258	213	11111101	25	1478
174	10011111	2347	58	214	10111101	5	1478
175	00011111	12347	58	215	00111101	5	478
176	00010111	12347	8	216	00101101	45	78
177	10010111	347	18	217	111000011	145	78
178	11010111	347	18	218	11101101	145	278
179	01010111	347	8	219	01101101	45	1278
180	01110111	47	38	220	01001101	345	1278
181	11110111	147	38	221	11001101	345	278
182	10110111	147	238	222	10001101	2345	78
183	00110111	47	1238	223	00001101	12345	78
184	00100111	7	1238	224	00001001	12345	678
185	10100111	7	238	225	10001001	2345	1678
186	11100111	27	38	226	11001001	345	1678
187	01100111	127	38	227	01001001	345	678
188	01000111	127	78	228	01101001	45	3678
189	11000111	27	18	229	11101001	145	3678
190	10000111	7	18	230	10101001	145	23678

（续表）

191	00000111	7	8	231	00101001	45	123678
192	00000101		78	232	00111001	5	123678
193	10000101	1	78	233	10111001	5	23678
194	11000101	1	278	234	11111001	25	3678
195	01000101		1278	235	01111001	125	3678
196	01100101	3	1278	236	01011001	125	678
197	11100101	3	278	237	11011001	25	1678
198	10100101	23	78	238	10011001	5	1678
199	00101001	123	78	239	00011001	5	678
200	00110101	123	478	240	00010001		5678
241	10010001	1	5678	281	101010011	9	23678
242	11010001	1	25678	282	111010011	29	3678
243	01010001		125678	283	011010011	129	3678
244	01110001	3	125678	284	010010011	129	678
245	11110001	3	25678	285	110010011	29	1678
246	10110001	23	5678	286	100010011	9	1678
247	00110001	123	5678	287	000010011	9	678
248	00100001	123	45678	288	000011011	69	78
249	10100001	23	145678	289	100011011	169	78
250	11100001	3	145678	290	110011011	169	278
251	01100001	3	45678	291	010011011	69	1278
252	01000001		345678	292	011011011	369	1278
253	11000001	1	235678	293	111011011	369	278
254	10000001	1	2345678	294	101011011	2369	78
255	00000001		12345678	295	001011011	12369	78
256	000000011	9	12345678	296	001111011	12369	478
257	100000011	9	23456787	297	101111011	2369	1478
258	110000011	29	345678	298	111111011	369	1478
259	010000011	129	345678	299	01111011	369	478
260	011000011	129	45678	300	010111011	69	3478
261	111000011	29	145678	301	110111011	169	3478
262	101000011	9	145678	302	100111011	169	23478
263	001000011	9	45678	303	000111011	69	123478
264	001100011	49	5678	304	000101011	569	123478
265	101100011	149	5678	305	100101011	569	23478
266	111100011	149	25678	306	110101011	2569	3478
267	011100011	49	125678	307	010101011	12569	3478
268	010100011	349	125678	308	011101011	12569	478
269	110100011	349	25678	309	111101011	2569	1478
270	100100011	2349	5678	310	101101011	569	1478
271	000100011	12349	5678	311	001101011	569	478
272	000110011	12349	678	312	001001011	4569	78
273	100110011	2349	1678	313	100001011	14569	78
274	110110011	349	1678	314	111001011	14569	278
275	010110011	349	678	315	011001011	4569	1278
276	011110011	49	3678	316	010001011	34569	1278
277	111110011	149	3678	317	110001011	34569	278
278	101110011	149	23678	318	100001011	234569	78
279	001110011	49	123678	319	000001011	1234569	78
280	001010011	9	123678	320	000001111	1234569	8
321	100001111	234569	18	361	101110111	149	58
322	110001111	34569	18	362	111110111	149	258
323	010001111	34569	8	363	011110111	49	1258
324	011001111	4569	38	364	010110111	349	1258
325	111001111	14569	38	365	110110111	349	258

（续表）

326	101001111	14569	238	366	100110111	2349	58
327	001001111	4569	1238	367	000110111	12349	58
328	001101111	569	1238	368	000100111	12349	8
329	101101111	569	238	369	100100111	2349	18
330	111101111	2569	38	370	110100111	349	18
331	011101111	12569	38	371	010100111	349	8
332	010101111	12569	8	372	011100111	49	38
333	110101111	2569	18	373	111100111	149	38
334	100101111	569	18	374	101100111	149	238
335	000101111	569	8	375	001100111	49	1238
336	000111111	69	58	376	001000111	9	1238
337	100111111	169	58	377	101000111	9	238
338	110111111	169	258	378	011000111	29	38
339	010111111	69	1258	379	011000111	129	38
340	011111111	369	1258	380	010000111	129	8
341	111111111	369	258	381	110000111	29	18
342	101111111	2369	58	382	100000111	9	18
343	001111111	12369	58	383	000000111	9	8
344	001011111	12369	458	384	000000101	89	
345	101011111	2369	1458	385	100000101	189	
346	111011111	369	1458	386	110000101	189	2
347	011011111	369	458	387	010000101	89	12
348	011011111	69	3458	388	011000101	389	12
349	110011111	169	3458	389	111000101	389	2
350	100011111	169	23458	390	101000101	2389	
351	000011111	69	123458	391	001000101	12389	
352	000010111	9	123458	392	001100101	12389	4
353	100010111	9	23458	393	101100101	2389	14
354	110010111	29	3458	394	111100101	389	14
355	010010111	129	3458	395	011100101	389	4
356	011010111	129	458	396	010100101	89	34
357	111010111	29	1458	397	110100101	189	34
358	101010111	9	1458	398	100100101	189	234
359	001010111	9	458	399	000100101	89	1234
360	001110111	49	58	400	000110101	589	1234
401	100110101	589	234	441	101001101	2389	1456
402	110110101	2589	34	442	111001101	389	1456
403	010110101	12589	34	443	011001101	389	456
404	011110101	12589	4	444	010001101	89	3456
405	111110101	2589	14	445	110001101	189	3456
406	101110101	589	14	446	100001101	189	23456
407	001110101	589	4	447	000001101	89	123456
408	001010101	4589		448	000001001	789	123456
409	101010101	14589		449	100001001	789	23456
410	111010101	14589	2	450	110001001	2789	3456
411	011010101	4589	12	451	010001001	12789	3456
412	010010101	34589	12	452	011001001	12789	456
413	110010101	34589	2	453	111001001	2789	1456
414	100010101	234589		454	101001001	789	1456
415	000010101	1234589		455	001001001	789	456
416	000011101	12345896		456	001101001	4789	56
417	100011101	234589	16	457	101101001	14789	56
418	110011101	34589	16	458	111101001	14789	256
419	010011101	34589	6	459	011101001	4789	1256
420	011011101	4589	36	460	010101001	34789	1256

（续表）

421	111011101	14589	36	461	110101001	34789	256
422	101011101	14589	236	462	100101001	23789	56
423	001011101	4589	1236	463	000101001	1234789	56
424	001111101	589	1236	464	000111001	1234789	6
425	10111101	589	236	465	100111001	234789	16
426	111111101	2589	36	466	110111001	34789	16
427	11111101	12589	36	467	010111001	34789	6
428	01011101	12589	6	468	011111001	4789	36
429	110111101	2589	16	469	111111001	14789	36
430	100111101	589	16	470	101111001	14789	236
431	000111101	589	6	471	001111001	4789	1236
432	000101101	89	56	472	001011001	789	1236
433	100101101	189	56	473	101011001	789	236
434	110101101	189	256	474	111011001	2789	36
435	010101101	89	1256	475	022011001	12789	36
436	011101101	389	1256	476	010011001	12789	6
437	111101101	389	256	477	110011001	2789	16
438	101101101	2389	56	478	100011001	789	16
439	001101101	12389	56	479	000011001	789	6
440	001001101	12389	456	480	000010001	6789	
481	100010001	16789		497	100100001	56789	234
482	110010001	16789	2	498	110100001	236789	34
483	010010001	6789	12	499	010100001	1256789	34
484	011010001	36789	12	500	011100001	1256789	4
485	111010001	36789	2	501	111100001	256789	14
486	101010001	236789		502	101100001	56789	14
487	001010001	1236789		503	001100001	56789	4
488	001110001	1236789	4	504	001000001	456789	
489	101110001	236789	14	505	101000001	1456789	
490	111110001	36789	14	506	111000001	1456789	2
491	011110001	36789	4	507	011000001	456789	12
492	010110001	6789	34	508	010000001	3456789	12
493	110110001	16789	34	509	110000001	3456789	2
494	100110001	16789	234	510	100000001	23456789	
495	000110001	6789	1234	511	000000001	123456789	
496	000100001	56789	1234				

附录 2

269	659	149
239	359	479
569	59	449

质数幻方

4	72	6
18	12	8
24	2	36

三阶乘法幻方（1）

9	108	6
12	18	27
54	3	36

三阶乘法幻方（2）

397	37	47	317
107	257	277	157
227	137	127	307
67	367	347	17

四阶质数幻方（1）

17	317	397	67
307	157	107	227
127	277	257	137
347	47	37	367

四阶质数幻方（2）

17	307	127	347
157	317	47	277
257	37	397	107
367	137	227	67

四阶质数幻方（3）

3	61	19	37
43	31	5	41
7	11	73	29
67	17	23	13

四阶质数幻方（4）

（用较小的质数）

附录 3

8.2 节连线游戏的解不唯一

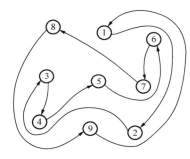 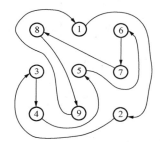

8.3 节握手问题的解

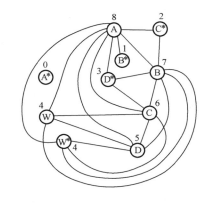

人名中外文对照表

M. 伽德纳/M. Gardner

贝弗里奇/W. I. Beveridge

波利亚/G. Polya

戴维·威尔斯/David Wells

笛卡儿/R. Descartes

第谷·布拉赫/Tycho Brahe

伽利略/G. Galileo

伽莫夫/G. Gamow

高斯/C. F. Gauss

汉密尔顿/W. R. Hamilton

居里夫人/M. Curie

开普勒/J. Kepler

拉格朗日/J. L. Lagrange

拉普拉斯/P. S. Laplace

马丁·伽德纳/
    Martin Gardner

梅尔森/Mersenne

牛顿/I. Newton

庞加莱/H. Poincaré

培根/F. Bacon

普罗克勒斯/Proclus

史坦因豪斯/H. Steinhaus

维纳/N. Wiener

维诺格拉陀夫/Виноградов

希尔伯特/D. Hilbert

香农/Shannon

雪尔凡斯脱/J. J. Sylvester

约瑟夫马达其/
    J. S. Madachy

数学高端科普出版书目

数学家思想文库	
书　名	作　者
创造自主的数学研究	华罗庚著；李文林编订
做好的数学	陈省身著；张奠宙，王善平编
埃尔朗根纲领——关于现代几何学研究的比较考察	[德]F.克莱因著；何绍庚，郭书春译
我是怎么成为数学家的	[俄]柯尔莫戈洛夫著；姚芳，刘岩瑜，吴帆编译
诗魂数学家的沉思——赫尔曼·外尔论数学文化	[德]赫尔曼·外尔著；袁向东等编译
数学问题——希尔伯特在1900年国际数学家大会上的演讲	[德]D.希尔伯特著；李文林，袁向东编译
数学在科学和社会中的作用	[美]冯·诺伊曼著；程钊，王丽霞，杨静编译
一个数学家的辩白	[英]G.H.哈代著；李文林，戴宗铎，高嵘编译
数学的统一性——阿蒂亚的数学观	[英]M.F.阿蒂亚著；袁向东等编译
数学的建筑	[法]布尔巴基著；胡作玄编译
数学科学文化理念传播丛书·第一辑	
书　名	作　者
数学的本性	[美]莫里兹编著；朱剑英编译
无穷的玩艺——数学的探索与旅行	[匈]罗兹·佩特著；朱梧槚，袁相碗，郑毓信译
康托尔的无穷的数学和哲学	[美]周·道本著；郑毓信，刘晓力编译
数学领域中的发明心理学	[法]阿达玛著；陈植荫，肖奚安译
混沌与均衡纵横谈	梁美灵，王则柯著
数学方法溯源	欧阳绛著
数学中的美学方法	徐本顺，殷启正著
中国古代数学思想	孙宏安著
数学证明是怎样的一项数学活动？	萧文强著
数学中的矛盾转换法	徐利治，郑毓信著
数学与智力游戏	倪进，朱明书著
化归与归纳·类比·联想	史久一，朱梧槚著

数学科学文化理念传播丛书·第二辑	
书　名	作　者
数学与教育	丁石孙,张祖贵著
数学与文化	齐民友著
数学与思维	徐利治,王前著
数学与经济	史树中著
数学与创造	张楚廷著
数学与哲学	张景中著
数学与社会	胡作玄著

走向数学丛书

书　名	作　者
有限域及其应用	冯克勤,廖群英著
凸性	史树中著
同伦方法纵横谈	王则柯著
绳圈的数学	姜伯驹著
拉姆塞理论——入门和故事	李乔,李雨生著
复数、复函数及其应用	张顺燕著
数学模型选谈	华罗庚,王元著
极小曲面	陈维桓著
波利亚计数定理	萧文强著
椭圆曲线	颜松远著